ÉTUDE SOMMAIRE

DE

L'IMPORTATION DU CHOLÉRA

ET

DES MOYENS DE LA PRÉVENIR

PAR

LE Dr SIRUS PIRONDI

Chirurgien-consultant des Hôpitaux, Professeur adjoint à l'École de plein exercice,
Membre correspondant de la Société Impériale de Chirurgie,
Secrétaire du Conseil d'Hygiène et de Salubrité,
Chevalier de la Légion d'Honneur.

ET PAR

LE Dr AUGUSTIN FABRE,

Ancien Interne des Hôpitaux de Paris ; Membre du Conseil d'Hygiène et de Salubrité ;
Secrétaire Général de la Société Impériale de Médecine de Marseille.

> Le temps est de l'argent,
> La santé publique est de l'or.
>   Dr MONLAU.
> (Conférence sanitaire de Paris,
> séance du 27 septembre 1851.)

PRIX : 1 FRANC 50.

Se vend au profit des pauvres.

PARIS

J.-B. BAILLIÈRE ET FILS,

LIBRAIRES DE L'ACADÉMIE IMPÉRIALE DE MÉDECINE,
rue Hautefeuille, 19.

1865

ÉTUDE SOMMAIRE

SUR

L'IMPORTATION DU CHOLÉRA

ET LES MOYENS DE LA PRÉVENIR.

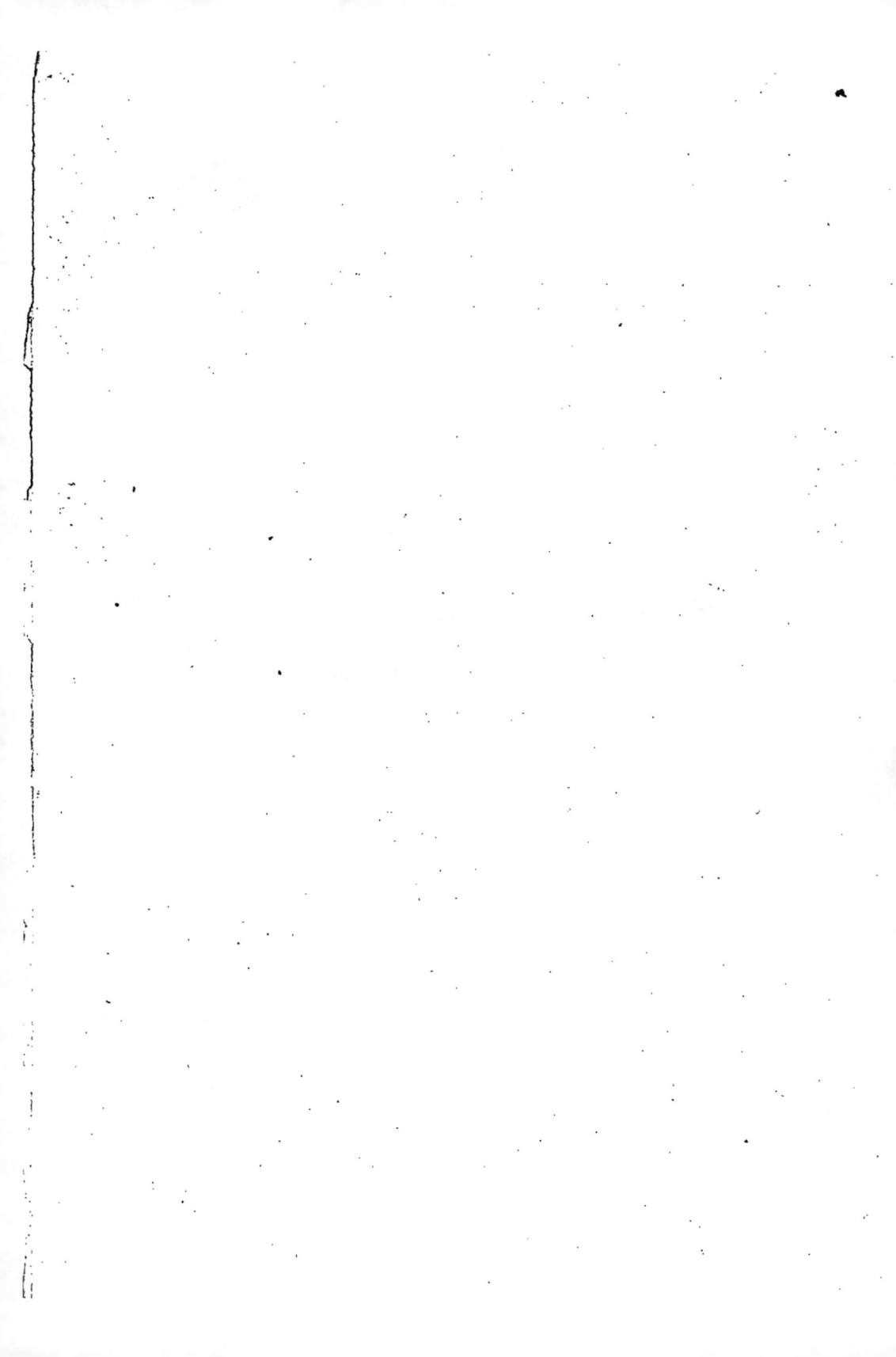

Les auteurs de cet opuscule tiennent à déclarer formellement n'avoir nulle intention, en publiant ces quelques pages, d'incriminer qui que ce soit, au sujet de la nouvelle invasion du choléra dans le midi de la France.

Le Comité central d'Hygiène, dont fait partie M. l'Inspecteur général du service sanitaire, se compose d'hommes savants et consciencieux qui peuvent se tromper de bonne foi, sans descendre, pour cela, des hautes régions de la science qu'ils cultivent avec succès, qu'ils honorent par leurs travaux et dont ils sont une des gloires.

L'Administration supérieure de Paris prenant conseil du Comité central s'adresse, sans doute, à la source la plus autorisée et la plus éclairée, et croit par cela même répondre à ce que l'on est en droit d'attendre de son dévouement si connu au bien public.

Mais cette déclaration faite, qu'il nous soit permis de dire toute notre pensée sans hésitation ni réticence. Les circonstances que nous venons de traverser ont été assez graves pour nous, plus graves encore pour nos voisins, et elles peuvent se reproduire.

Ce sont là de puissantes raisons pour plaider ce que nous tenons pour *vrai*, en faveur de notre pays et de nos familles. S'il est toujours commode de se taire, il est parfois honnête de parler.

S.-P. et A.-F.

Marseille, 5 octobre 1865.

AVANT-PROPOS.

Après l'épidémie de 1854 l'un de nous écrivait : « On peut juger de l'obscurité qui règne sur une question quelconque par la masse de lumières que chacun se hâte d'y apporter. » (1)

Ce qui était pour nous un axiôme il y a dix ans, ne l'est pas moins aujourd'hui ; mais nous ne nous donnerons pas cette fois la peine de faire l'histoire d'une maladie qui n'est que trop connue sous le rapport nosographique, et dont la thérapeutique, n'en déplaise aux chercheurs de spécifiques, aura longtemps encore de nombreux *desiderata.*

Etre en effet suffisamment armés contre une diarrhée prodromique ou prémonitoire, et même contre les premières périodes du mal, ne constitue pas une défense bien solide contre les atteintes cholériques *d'emblée*; et l'expérience n'a que trop montré que ces atteintes *d'emblée* ne sont pas aussi rares, en temps d'épidémie, qu'on pourrait le désirer. Il faut donc avouer bien humblement que le choléra indien attend encore son quinquina, et peut-être l'attendra-t-il longtemps, car il s'agit ici, pour cette entité morbide, d'une altération générale et presque instantanée de toute l'économie, qui ne

(1) *Relation historique et médicale de l'épidémie qui a régné à Marseille pendant l'année 1854.* Paris, 1859, chez Labé, par le Dr S. Pirondi.

laisse vraiment pas le temps d'agir aux médications les plus actives.

Une médication, quelque active qu'on la suppose, demande un certain temps, et veut surtout que la faculté absorbante de l'organisme soit intacte. Supprimez l'absorption, que reste-t-il à la thérapeutique? Rien.

Devant un pareil aveu que la conscience exige, le devoir des médecins nous semble tout tracé, et un mot devenu populaire, renfermant plus de philosophie qu'on ne le croirait d'abord, indique quelle est la voie dans laquelle on doit désormais s'engager. Le public dit tous les jours que *le meilleur moyen de guérir le choléra est de ne pas l'avoir!* Au point de vue de la conservation individuelle, il y a dans un pareil énoncé une conséquence quelque peu brutale peut-être, et que nous n'avons pas mission d'apprécier, chacun ayant le droit d'envisager comme il l'entend ses devoirs de famille et de citoyen. Mais lorsqu'il s'agit de défendre les intérêts de tous contre les menaces d'un ennemi commun, il faut se souvenir de ce qu'il y a de vrai dans le dicton populaire, et *guérir* la population entière en empêchant l'épidémie d'arriver.

Le but ainsi défini, comment l'atteindre? Deux moyens se présentent:

1° Détruire le mal à sa source même, c'est-à-dire en transformant le pernicieux Delta du Gange par la culture, le drainage, et toutes les ressources de l'hygiène moderne;

2° Le choléra indien sévissant sur un point quelconque du continent asiatique ou du bassin méditerranéen, l'empêcher de s'introduire en France.

Il ne nous appartient pas de nous occuper du premier de ces moyens, mais le second mérite et doit donner lieu à nos plus minutieuses investigations. Toutefois, avant d'aborder les nombreuses difficultés que la solution de ce problème va présenter, il faut tâcher de résoudre une question préalable qui domine toutes les autres : le choléra indien est-il ou n'est-il pas importable ?

Telle est la marche que nous nous proposons de suivre dans ce travail, que les circonstances nous ont obligés de rédiger un peu à la hâte. L'avenir dira s'il a pu être de quelque utilité ; mais nous aurons toujours eu la satisfaction de consacrer quelques veilles aux intérêts de la santé publique, et d'avoir, peut-être appelé l'attention de qui de droit sur un ordre de faits très-graves et d'une importance que l'on peut croire, sans fausse modestie, au moins égale à celle que l'on accorde à certaines épizooties (1). Sauvegarder les intérêts de la vie matérielle, c'est bien, épargner la vie humaine c'est encore mieux.

(1) Voir le remarquable Rapport inséré dans le *Moniteur* du 7 septembre 1865, et la Circulaire du 12 septembre 1865.

ÉTUDE SOMMAIRE

SUR

L'IMPORTATION DU CHOLÉRA

ET LES MOYENS DE LA PRÉVENIR.

PREMIÈRE PARTIE.

Le Choléra indien est-il importable ?

Depuis les temps les plus reculés, il existe dans le delta du Gange une maladie terrible qui a reçu le nom de choléra.

Jamais, jusqu'à notre époque, le choléra n'avait été observé dans nos pays d'Europe, et c'est seulement en 1832 que ce fléau s'abattit sur la France pour la première fois.

A quelle cause attribuer l'apparition récente en Europe d'un mal qui, dans l'Inde, est très-ancien ? Pourquoi les siècles derniers en ont-ils été préservés ? Pourquoi le nôtre en a-t-il si cruellement souffert ?

Les conditions météorologiques, les conditions climatériques de nos contrées ont-elles éprouvé des modifications profondes? Non, certainement. L'hygiène publique et privée a-t-elle subi de graves atteintes? Non, bien au contraire, elle s'est sensiblement améliorée.

Mais un grand fait s'est produit dans notre siècle. Les relations commerciales ont pris une extension jusqu'alors inconnue; les moyens de communication sont devenus de plus en plus prompts et faciles; les migrations des voyageurs et le transport des marchandises ont augmenté dans des proportions énormes. Voilà pourquoi, d'étape en étape, les plus grandes distances ont pu être franchies par une maladie transmissible, le choléra.

Dans sa première invasion, le fléau parti de l'Inde, a mis plusieurs années pour arriver en France; aujourd'hui que les moyens de communication entre l'Inde et la France sont plus fréquents, plus rapides et plus directs, pour faire ce long voyage, il ne lui a fallu que quelques mois.

Si l'on veut reconnaître que le choléra passe de ville en ville avec les marchandises et les voyageurs, pas n'est besoin de s'égarer dans le dédale de théories plus ou moins savantes; il n'y a qu'à jeter un regard d'ensemble sur la marche du fléau dans les diverses contrées qu'il a frappées; la médecine cède, ici, la plume à l'histoire; il suffit de laisser parler les faits.

I.

Plusieurs épidémies de choléra s'étaient déclarées dans l'Inde depuis que les Anglais s'y sont établis ; celle de 1762 et celle de 1783 furent assez meurtrières, mais restèrent localisées ; il n'en fut pas de même de celle de 1817. Née sur les bords du Gange, elle se répandit bientôt dans les pays voisins, puis, en 1818, elle se propagea dans une triple direction.

Vers le nord, elle remonta le Gange et la Sumna, envahit les provinces septentrionales de l'Hindostan, puis, retardée dans sa marche pendant quelques années par les montagnes du Népaul, elle fut définitivement arrêtée par la chaîne de l'Himalaya. Comme l'a fait remarquer Graves, à qui nous empruntons bon nombre de ces détails, la rareté des communications entre les pays de montagnes et les basses terres explique la lenteur avec laquelle le fléau a marché dans cette direction.

Vers le sud, le choléra suivit les côtes ; il alla d'un port à un autre, et, en décembre 1818, il entrait à Madras.

Enfin la maladie se dirigea de l'est à l'ouest. Passant par Nagpoor, Aurengabad, Siroor et Poonah, elle atteignit en dernier lieu la côte de Bombay.

Mais l'immense territoire de l'Inde ne lui suffisait plus. Après avoir descendu la côte du Coromandel, le choléra, dès le mois de décembre 1818, envahissait Jaffnapatam, la ville la plus septentrionale du Ceylan, et, le 10 janvier 1849, il éclatait à Colombo.

Dans cette même année 1819 et les années suivantes, la plupart des archipels voisins furent successivement infectés ; Sumatra, Java, Batavia, Bornéo et les Célèbes payèrent un douloureux tribut au choléra qui, en 1823, s'avança au sud-est jusqu'à Amboine, dans les îles Moluques. Au sud, il visita Maurice vers la fin de 1819 et Bourbon en 1820; mais il ne put arriver jusqu'à une autre station commerciale, le cap de Bonne-Espérance, que la longueur du trajet à parcourir par les navires et l'établissement de quarantaines rigoureuses préservèrent complètement.

Sur le continent asiatique, nous voyons en 1819, le choléra sévir à Siam et à Tonkin ; vers la fin de la même année, il arrivait à Macao, importé, dit-on, par quelques navires ; puis il pénétrait dans l'intérieur de la Chine, visitait Nankin en 1820, et produisait, en 1821, les plus affreux ravages dans la capitale du Céleste Empire.

Nous l'avons vu jusqu'ici, libre de tout assujettissement météorologique, se répandre à la fois au nord et au midi, à l'occident et à l'orient ; au mépris des courants atmosphériques, marcher avec une lenteur à laquelle ces courants ne se plieraient guère, et suivre les voies commerciales, pour s'arrêter à leurs principales stations.

Maintenant nous allons le voir s'avancer vers notre Europe.

Au printemps de 1821, le choléra envahissait la Perse. Il se montrait presque en même temps à Mascate, à Bender-Abassy et à Bassora. On croit généralement que, sur ces trois points, il fut importé par les vaisseaux venus de Bombay. De ces trois villes, il se répandit ailleurs, en suivant le

cours des fleuves et les voies commerciales les plus fré-
quentées. C'est ainsi qu'à Bassora il remonta l'Euphrate et
le Tigre, ce qui le conduisit à Bagdad, au mois d'août, puis
aux ruines de Babylone ; de là, traversant le désert par la
grande route des caravanes, il ateignit Alep, où il fit peu
de victimes, et parut, en 1823, jusqu'à Alexandrette. Mais,
comme exténué par ses voyages à longues étapes dans le
désert, où il ne trouvait, dans des caravanes peu nombreuses et disséminées, qu'une pâture insuffisante, il n'eut
pas la force, cette première fois, de pénétrer jusqu'en
Egypte, où les mesures quarantenaires les plus rigoureuses
lui étaient opposées ; ainsi furent préservés, pour plusieurs
années, les grands ports de la Méditerranée.

De Bender-Abassy, il suivit les routes commerciales pour
se rendre à Schira en 1821, et à Yezd, en septembre de la
même année. Assoupi pendant l'hiver, il se ranime au
printemps de 1822 et visite toutes les villes situées sur le
chemin des caravanes, entre autres Tauris, Korbia, Ardabil ;
enfin, le 21 septembre 1823, il arrive à Astrakhan.

Ici s'arrête la première période de l'invasion cholérique.
De 1823 à 1829, on ne s'en préoccupe plus guère ; le danger
semble conjuré pour l'Europe, et les pays infectés ne sont
pas de ceux sur lesquels on puisse avoir des détails exacts et
précis. Toujours est-il que, dans cet intervalle, le mal existait toujours ; il faisait, dans les Indes, des victimes nombreuses ; il visitait de nouveau l'Asie mineure, la Perse et la
Chine ; il traversait les plaines immenses des deux Tartaries.

Graves fait remarquer, avec grande raison, combien la
lenteur de la marche du choléra dans la Perse, la Tartarie.

la Mongolie et le Thibet, pays privés de routes régulières et où les relations sont rares, — même entre les localités les plus voisines — contraste avec la rapidité de ses progrès dans les contrées populeuses et civilisées, mais surtout avec la promptitude de sa propagation d'un pays maritime à un autre, de l'Allemagne à l'Angleterre, de l'Angleterre au Canada, des Indes Orientales à l'Ile de France, et, ajouterons-nous, de l'Egypte à Marseille.

Mais, en 1829, le mal sort de la Tartarie pour envahir Orenbourg et y commettre de grands ravages; en même temps, il vient de Perse atteindre les côtes occidentales de la mer Caspienne; puis, en 1830, il parcourt la province de Schirwan, Bakou, Kuba et le district d'Elisabethpol. Il ravage ensuite Tiflis, où il fait cinq mille victimes, et Astrakhan, où il en fait huit mille. De là il remonte le Volga, dont il visite successivement toutes les villes riveraines. « Du reste, « dit à ce sujet l'illustre Graves, soit qu'il franchît de hautes « montagnes, comme dans l'Inde, soit qu'il traversât l'Océan « pour arriver à l'Ile Bourbon, soit qu'il suivit les caravanes « dans l'immensité du désert pour envahir la Mecque et « Médine, soit enfin qu'il remontât les fleuves en prenant « pour étapes les différentes cités qu'ils arrosent; le choléra, « indépendant de toute condition physique, *ne parut* « *influencé que par le commerce et les relations des peuples*; « sous tous les autres rapports, les routes qu'il a suivies « diffèrent complètement entre elles. (1) » Cette loi reconnue par Graves, se trouve d'ailleurs parfaitement conforme aux

(1) *Clinique médicale*, Trad. Jaccoud, t. 1, p. 508.

conclusions du beau travail que M. Moreau de Jonnès a consacré à la première invasion du choléra.

Vers le milieu du mois de septembre 1830, l'épidémie apparaît à Moscou. Dans l'hiver et le printemps qui suivent elle parcourt la plupart des provinces de la Russie, surtout celles de l'ouest et du sud de l'Empire ; St-Pétersbourg, qui s'était entouré d'un cordon sanitaire, est complètement épargné.

Le 5 février 1831, l'armée russe entre en Pologne, et avec elle le choléra. L'armée russe paye à l'épidémie un tribut considérable, et le 10 juin, elle perd le maréchal Diebicht. Graves fait encore observer qu'en Pologne « la marche de « la maladie fut subordonnée d'une manière très-remarqua- « ble à celle des armées ; » ce qui est d'ailleurs la loi commune à la plupart des épidémies.

En même temps qu'il s'avançait d'un côté vers la Prusse et de l'autre vers la Silésie, le choléra gagnait au nord la Lithuanie et les ports de la Baltique, il ravageait Riga, la Courlande et la Livonie. St-Pétersbourg se trouvait en ce moment entouré de tous côtés par le fléau ; la capitale avait trop de relations de toutes natures avec les provinces infectées pour que les précautions les plus sévères pussent la préserver ; elle fut envahie à son tour.

Nous sommes toujours en 1831 ; à ce moment le choléra visitait aussi la Suède et se répandait en Allemagne, où il épergnait cependant quelques Etats, Mecklembourg-Schwerin, la Saxe, le Hanovre, Anhalt, Hesse, Brunswick; c'étaient précisément, nous dit Graves, ceux qui avaient réussi à cesser toute espèce de communications avec les pays infectés. Dans les grandes villes de Prusse et d'Autriche, les cordons sanitaires avaient été une mesure illusoire et complètement inutile.

De l'Autriche et de la Russie, le choléra gagna successivement la Moldavie, la Bulgarie, Constantinople et l'Asie-Mineure. Diverses villes d'Asie étant infectées, le mal se déclara parmi les pèlerins de la Mecque, dont il tua les trois quarts. Cette fois le foyer d'infection était trop intense pour que les mesures quarantenaires qui avaient préservé l'Egypte en 1823 pussent la sauver encore ; la maladie se déclara d'abord dans les deux stations où les pèlerins étaient retenus en quarantaine, et de là se répandit dans le pays.

En même temps que, de l'Allemagne, le choléra se répandait dans le sud-est, il suivait aussi la direction précisément inverse et pénétrait jusqu'en Angleterre.

C'est le 14 novembre 1831 qu'il se montrait à Sunderland, port situé en face de Hambourg, avec lequel il a de nombreuses relations commerciales.

De l'Angleterre, où il fit peu de mal, le fléau gagna l'Irlande, et, le 22 mars 1832, il éclatait à Dublin. Quelques jours après, il sévissait à Cork et à Belfast, tandis qu'il lui fallait quatre mois pour arriver à Wexford et Waterford ; mais un bateau à vapeur faisait deux fois par semaine le trajet de Dublin aux deux premières villes, tandis que les deux dernières n'avaient avec la capitale de l'Irlande aucune relation directe par les navires à vapeur.

Ce sont les émigrés irlandais que Graves accuse d'avoir, à cette époque, importé le choléra en Amérique.

Mais déjà la France avait subi les premières atteintes du

mal indien. D'où nous est-il venu directement? D'Angleterre, sans doute ; Calais, placé en face de l'Angleterre, et Paris, ce centre où se donnent rendez-vous presque tous les voyageurs qui nous arrivent de la Grande-Bretagne, furent à peu près simultanément atteints.

Nous sommes en 1832. Du mois de mars au mois de décembre, d'après les renseignements puisés dans un ouvrage de M. Pirondi père (1), plus de trente départements subirent cette cruelle visite. Marseille qui, à cette époque, était si loin de Paris, fut alors épargnée par cette maladie, qui se propage bien moins par voie de terre que par voie de mer.

En février 1833, le choléra éclatait à Oporto, peu après l'arrivée du navire *le Marchand de Londres*, qui avait à bord des soldats pour l'armée de Dom Pedro, et qui, pendant le trajet, fournit plusieurs décès cholériques ; c'est ce que rapportent à la fois Graves et M. Pirondi père. Le Portugal fut dès lors envahi, et, après lui, l'Espagne. Barcelone, qui eut alors à subir une épidémie fort meurtrière, avait de fréquentes relations avec Oran. Le 26 septembre 1834, un premier cas de choléra fut constaté à Oran ; bientôt la mortalité y devint considérable. C'est d'Oran que, d'après l'opinion la plus répandue, le fléau fut importé pour la première fois à Marseille, où il fit son apparition le 7 décembre 1834. Il y suivit une marche lente et s'y montra d'une faible intensité pendant les premiers mois de l'année 1835 ; mais, au mois de juillet de la même année, il y

(1) *De la Transmissibilité du Choléra, etc.*, in-8°, Marseille 1856.

commit d'effrayants ravages. De Marseille, il gagna l'Italie, et parvint jusqu'à Naples vers le mois de septembre 1836, se promena sur divers points du littoral de la Méditerranée, revint à Marseille en 1837, puis se rendit à Bone, à la suite d'un régiment de ligne parti de Marseille, parcourut de là divers points de l'Algérie et s'éteignit en occident avec l'année 1837.

Telle fut la première invasion du choléra indien en Europe.

II.

Au commencement de 1842, le choléra éclatait avec violence dans le nord du Birman ; il envahissait ensuite l'établissement anglais de Boulmein, où il sévit jusqu'au mois de juin 1843, et Tavoy, la seconde ville de l'empire birman.

Pendant les deux années qui suivent, il continue ses ravages dans les provinces indiennes ; au commencement de 1845, il désole les rives de l'Indus et l'Afghanistan. De là il envahit la Perse et la Tartarie ; au mois de mai 1846, il ravage avec une épouvantable violence la ville de Téhéran. Puis, tandis qu'au midi il va désoler Bagdad et décimer la Mecque, où l'on suppose qu'il est importé par les pèlerins de Bagdad ; au nord-ouest il se dirige vers le Caucase, et, dans les premiers jours de 1847, il fond sur l'armée russe qui combat les Circassiens ; dès lors la Russie lui est ouverte.

Les froids de l'hiver le contiennent quelques mois, sans

l'étouffer entièrement, mais, au printemps de 1848, il retrouve toute sa fatale énergie. Il se ranime à Moscou ; il se dirige vers Saint-Pétersbourg, qu'il atteint et qu'il frappe ; il visite la Finlande et tous les ports de la Baltique, sévit en Pologne, et particulièrement à Varsovie, où sont réunies beaucoup de troupes russes arrivées des pays infectés. Le 28 juillet 1848 il pénètre à Berlin, le 18 août à Stettin, le premier septembre à Danzick et Hambourg, le premier octobre à Amsterdam.

Le 5 octobre, d'après M. Pirondi père, un bâtiment venu de Hambourg, ayant à bord des marins atteints de choléra, débarque à Sunderland ; le 24 octobre, une partie de la Grande-Bretagne est infectée.

Le 20 octobre, d'après le même auteur, il passe de Rotterdam à Anvers sur le vapeur l'*Amicitia*, et de là se répand en Belgique, où il fait peu de victimes.

Le même jour, nous apprend M. Pirondi père, à la suite de l'arrivée d'un bâtiment venu d'Angleterre, le choléra éclate à Dunkerque. Le département du Nord est ensuite envahi, et le 29 novembre, la ville de Lille renferme le fléau dans ses murs. Calais, à la fin de 1848, Fécamp, Dieppe, Rouen, au commencement de 1849, subissent les atteintes de cette terrible maladie.

Le 29 janvier, immédiatement après l'arrivée d'un bataillon de chasseurs d'Afrique, venant de Douai où régnait le choléra, un premier cas est observé à St-Denis ; quelques cas rares s'y manifestent encore pendant le mois de février ; puis, dans les premiers jours de mars, la maladie est à l'état épidémique au dépôt de mendicité de St-Denis. Le 7 mars, le choléra est à

Paris ; le 19, l'épidémie est reconnue officiellement dans la capitale.

Après Paris, la France presque entière fut envahie, et Marseille dut, une fois encore, payer au choléra un douloureux tribut.

De Marseille il gagna Toulon, où, d'après un mémoire de MM. Haspel et Demortain, adressé à la Société de médecine de notre ville, il fut évidemment importé par des soldats venus de Marseille, qui en moururent les premiers, et répandirent le mal dans l'hôpital militaire ; la ville fut ensuite infectée.

Le fléau parcourut alors plusieurs ports de la Méditerranée : il visita Alger, Tunis, Malte, et gagna Constantinople. De Constantinople il se rendit à Smyrne, où, d'après un rapport du Dr Burguières (1), il fut importé par des soldats. Un bataillon venu de la capitale débarque à Tchesmé ; du 19 au 28 juin il perd 64 hommes ; les militaires communiquent librement avec les habitants ; le 25, la maladie se déclare parmi ces derniers.

Dans cette seconde invasion, comme dans la première, le choléra passa d'Europe en Amérique. Un bâtiment venu de Brême arrive à la Nouvelle-Orléans après avoir perdu vingt passagers pendant la traversée ; quelques jours après la Nouvelle-Orléans est en pleine épidémie (2). Les États-Unis ne tardèrent pas à subir à leur tour la cruelle invasion.

A la fin de 1849, au rapport du Dr Duchassaing (3), des

(2) Burguières, *Études sur le choléra observé à Smyrne*. Paris, 1849.
(2) *Gazette des Hôpitaux*, Janvier 1849, et P. Pirondi, op. cit.
(3) *Gazette médicale*, 1851.

navires américains arrivèrent à Chagres; le choléra sévissait à bord. La maladie se répandit dans Chagres, et de là, suivant la route que prennent les voyageurs, il ravagea Crucès, Gorgona, et surtout Panama. « Mais il ne se répandit nulle-
« ment, ajoute M. Duchassaing, dans les bourg et villes de
« l'isthme, qui n'ont, à cause de leurs mauvais chemins,
« presque aucune communication avec les ports de mer.....
« Dans tout ce trajet, la maladie ne s'étendit pas aux villes
« et villages situés en dehors des lignes de commerce. »

De 1850 à 1854, le choléra continue de sévir avec plus ou moins de violence dans les pays qu'il a ravagés, dans l'Inde anglaise, la Perse, l'Egypte, le nord de l'Europe, l'Angleterre et l'Amérique. Les foyers d'infection sont alors si multiples, qu'il est impossible de suivre le mode de propagation. En 1853, nous le retrouvons sur plusieurs points de la Grande-Bretagne, et notamment à New-Castle. Vers la fin de février 1854, il fait à Paris un certain nombre de victimes; de là il se répand dans les faubourgs, Batignolles, Bercy, puis dans le département de la Nièvre.

Au mois de juillet, 34 départements étaient envahis; le 7 juin, le choléra se déclarait à Avignon, le 14 à Arles, le 18 à Marseille. A Avignon, il commença par attaquer la garnison, et l'on peut présumer que les mouvements de troupes nécessités par la guerre d'Orient ne furent pas étrangers à l'importation de la maladie dans nos villes du Midi. Toujours est-il que le 72e régiment de ligne est envoyé d'Avignon en Afrique, et qu'à sa suite le choléra pénètre en Algérie. Des navires chargés de troupes partent de Marseille pour l'Orient : tous les ports de débarquement, le Pyrée, Gallipoli, Varna, sont visités par le fléau qui très-meurtrier à Varna, le fut plus encore dans la Dobrusckha, où il fit subir à notre armée des pertes cruelles.

Il reparut au mois de mai 1855 avec une certaine intensité dans l'armée qui assiégeait Sébastopol, et sévit surtout sur les troupes récemment arrivées d'Afrique, où il régnait toujours; Constantinople fut fortement infectée à cette époque. Au mois de juin, l'Egypte comptait aussi un grand nombre de victimes. Plusieurs villes d'Italie, dont les unes avaient de fréquents rapports avec la Crimée, Constantinople et l'Egypte, et dont les autres avaient reçu un grand nombre de soldats de l'armée de Gallicie, qui était décimée par le choléra, furent aussi ravagées par le fléau, et la ville de Marseille subit une nouvelle mais heureusement moins forte épidémie.

Telle est, en résumé, l'histoire des deux premières invasions de l'Europe et d'une assez grande partie du monde par le choléra indien. Dans toutes les deux nous retrouvons les mêmes allures; nous voyons le fléau se répandre indistinctement dans toutes les directions, sans tenir compte le moins du monde des courants atmosphériques; marcher d'une manière toujours lente, toujours subordonnée à la fréquence des communications et à leur mode; suivre d'une manière bien manifeste les routes commerciales et militaires, sans mettre jamais, pour passer d'un point à un autre, moins de temps qu'il n'en faut pour l'arrivée des provenances d'une ville infectée; voyager enfin — et c'est ce qu'il y a de capital — voyager avec les navires, les troupes de pèlerins et les corps d'armée.

Faut-il ensuite de grands efforts de logique pour conclure que le choléra est *importable ?* Cependant beaucoup d'esprits, abusés sans doute par des préoccupations théoriques, se sont refusés à reconnaître l'évidence des faits. Peut-être l'histoire de la troisième invasion du choléra décidera-t-elle leur conversion.

III.

Le moment n'est pas encore venu de raconter en détai comment les pèlerins de l'Arabie ont infecté l'Egypte, comment l'Egypte a infecté les ports de la Méditerranée, de la Mer Noire et de l'Adriatique ; comment enfin de ces ports le fléau gagne peu à peu diverses villes de l'Europe et de l'Asie. Ces faits ne sont pas encore du domaine de l'histoire, nous ne les connaissons guère que comme des nouvelles, et les documents scientifiques nous manquent pour les apprécier.

Cependant trois points nous frappent dans cette nouvelle invasion qui débute, et qui n'est peut-être pas près de finir. Ce sont :

L'importation du choléra de Djedda en Egypte, sur laquelle nous pouvons invoquer des témoignages irrécusables;

L'importation du fléau d'Alexandrie dans les ports de mer en relation avec cette ville, fait qui, considéré dans son ensemble, nous paraît bien convaincant ;

Enfin l'importation du choléra d'Alexandrie à Marseille par

les bateaux à vapeur, comme nous essaierons d'en fournir les preuves.

Que le choléra ait été importé en Egypte par les pèlerins musulmans, c'est ce qui ne peut plus être mis en doute par personne, dès le moment où le fait est constaté — mieux encore — proclamé par le médecin en chef de la Compagnie de l'isthme de Suez, un des plus anciens et des plus ardents lutteurs de l'école anti-contagioniste, et qui est d'ailleurs, mieux que personne, en position d'être bien informé.

Voici comment s'exprime le Dr Aubert-Roche, dans le rapport qu'il adresse à M. Ferdinand de Lesseps sur le choléra de l'isthme de Suez (1) :

« En mai 1865, l'épidémie est constatée à Djedda et à la « Mecque. 150,000 pèlerins y étaient réunis, les cadavres « restaient sans sépulture dans les rues.

« Le 19 mai, arrive à Suez le premier navire venant de « Djedda, vapeur anglais chargé de quinze cents pèlerins, « et ayant jeté, pendant la traversée, des morts à la mer.

« Le 21 mai, des cas de choléra sont constatés à Suez sur « le capitaine du navire et sa femme ; ils ont été traités par « le Dr Papathodor, médecin de la Compagnie.

« Le 22 mai, un cas de choléra est reconnu à Damanhour, « près d'Alexandrie, dans un convoi de pèlerins venant de « Suez à Alexandrie, par le Dr Fibich, médecin de la Com- « pagnie du Canal, et qui se rendait à son poste.

« Du 22 mai au 1er juin, plusieurs milliers de pèlerins

(1) *Journal de l'isthme de Suez*, n° du 15 septembre 1865, p. 286.

« ont débarqué à Suez, et sont venus camper à Alexandrie,
« près du canal de Mahmoudieh.

« Le 2 juin, un premier cas de choléra se manifeste par-
« mi les habitants d'Alexandrie qui demeuraient au milieu
« des pèlerins.

« Le 5 juin, deux autres cas se déclarent dans les mêmes
« conditions.

« A partir de ce moment, les cas vont en augmentant;
« jusqu'au 12, ils se manifestent dans le même foyer.

« L'invasion du choléra est complète dans Alexandrie; de
« là il remonte vers l'intérieur, se déclare à Tantah, au Caire,
« à Zagazig, puis dans les chantiers de l'isthme de Suez.

« Le transport du choléra de Djedda à Alexandrie par les
« pèlerins revenant de la Mecque est un fait. Cette masse
« d'hommes arrivant d'un foyer de choléra, faisant eux-
« mêmes foyer, ont constitué à Alexandrie un foyer qui, de
« là, s'est étendu sur toute l'Egypte. »

Le Dr Aubert-Roche termine ainsi son rapport (1) :

« Je pourrais ajouter à ce rapport un chapitre sur l'*im-*
« *portation* du choléra en Egypte par les pèlerins, sur les
« conséquences de cette *importation* relativement aux tra-
« vaux du Canal et à l'Europe. *C'était même un devoir de*
« *traiter cette question peu connue et menaçante pour les in-*
« *térêts de la Compagnie et du monde civilisé;* mais j'ai dû
« m'arrêter, le sujet grandissant devant les faits et leurs
« conséquences; ce sera l'objet d'un travail spécial.

« Toutefois, permettez-moi, Monsieur le président, de

(1) *Ibid*, p. 291.

« vous soumettre en terminant les graves considérations
« suivantes, ayant pour base le choléra que nous venons
« d'observer, et par conséquent la santé publique et parti-
« culière menacées. *Elles peuvent servir de conclusion géné-
« rale sur l'épidémie.*

« Il est constant :

« Que le choléra a été *importé* en Egypte par les pèlerins
« revenant de la Mecque.

« Que nulle précaution, hygiénique ou autre, n'a été
« prise contre cette *importation* prévue et contre le déve-
« loppement de la maladie.

« Or, au point de vue spécial de la Compagnie, le choléra
« *importé* en Egypte étant passé dans l'isthme sur nos chan-
« tiers, nos travailleurs ayant été frappés, les travaux sus-
« pendus ou ralentis, par conséquent les intérêts de la Com-
« pagnie lésés, nous avans le droit de réclamer hautement
« et d'intervenir dans la question.

« Au point de vue général :

« Le choléra, *importé* en Egypte, étant passé en France et
« en Europe, la vie et les intérêts européens étant atteints,
« non seulement en Egypte mais en Europe, *la France et*
« *l'Europe doivent prendre ou imposer des mesures contre*
« *l'importation de la maladie en Egypte.*

« C'est non seulement un droit mais un devoir ; sinon
« elles seront périodiquement ravagées par le choléra, qui,
« pour se rendre en Europe, prend la route de l'Egypte. »

On ne peut rien ajouter à ces lignes si concluantes d'un
des anti-contagionistes les plus capables, et, naguère, les
plus acharnés. Si cependant on voulait renforcer l'autorité

de M. Aubert-Roche de l'appui d'une autre autorité, l'on pourrait dire que le président du conseil sanitaire en Egypte, Bolnei Bey, vient de faire un rapport qui conclut à l'importation. C'est sans doute pour cette raison que l'Egypte, qui nous a fait cadeau du choléra, met aujourd'hui en quarantaine les navires venant de Marseille.

D'ailleurs, un des plus habiles écrivains de l'école anticontagioniste, M. Amédée Latour, a tracé en quelques lignes l'origine et le caractère de cette troisième invasion cholérique (1) :

« Le choléra a été porté à Alexandrie par les pèlerins de
« la Mecque, qui l'avaient contracté à Djedda de la colonne
« des croyants venus de l'Inde. Supprimez cette colonne
« indienne, et le monde n'entend pas parler du choléra. »

Malheureusement le fléau ne s'est point arrêté à Alexandrie et à l'Egypte. De là il s'est répandu à la fois au nord-est, au nord et à l'ouest, frappant presque en même temps deux villes qu'une grande distance sépare l'une de l'autre, mais qui ont avec Alexandrie les plus fréquentes relations, Marseille et Constantinople.

L'apparition du fléau dans toutes les villes qui communiquent avec Alexandrie, dans les échelles du Levant, dans Constantinople, dans Ancône, dans Malte et dans Marseille ; puis dans les ports de la Méditerranée qui reçoivent des navires provenant des pays infectés et dans les villes les plus voisines de celles qui ont été primitivement frappées ; voilà le grand fait qui domine toute cette histoire et dont l'évi-

(1) *Union médicale*, 21 septembre 1865, pag. 562.

dence devrait dessiller les yeux aux moins clairvoyants. Nous défions toutes les théories possibles d'en donner une raison quelconque, et les esprits les plus subtils de l'expliquer autrement que par l'importation.

Du mois de juillet au mois de septembre, nous voyons la maladie visiter les ports de l'Asie-Mineure et les villes qui les avoisinent. Smyrne subit une terrible invasion, Béyrouth et Damas sont à leur tour attaqués par le fléau, Alexandrette est décimée, Naplouse, Gaza, Ramla, Hyda voient chaque jour leurs habitants périr par centaines. Vers les derniers jours d'août, nous disent les journaux politiques, Alep est traversée par une caravane de pèlerins persans revenant de la Mecque et portant dans des sacs trente cadavres qui doivent être enterrés à Zechel, le lieu saint des Persans. Après une rixe, ils entrent dans la ville, et, dès le lendemain, vingt habitants d'Alep sont atteints du choléra.

Vers le commencement de juillet, le fléau envahit Constantinople, qui s'est soumis à une quarantaine. Mais le navire qui amène d'Egypte Osman Pacha est admis en libre pratique, sur la déclaration faite par le commandant et le médecin *qu'ils n'ont point de malades à bord ;* déclaration horriblement mensongère pour laquelle, une fois la fraude reconnue, le commandant et le médecin sont condamnés à la peine dérisoire d'un mois de prison ! Il est de notoriété publique que c'est à ce navire que Constantinople doit le choléra.

A peu près vers la même époque, la ville d'Ancône a été cruellement ravagée. On sait qu'elle avait reçu les navires d'Alexandrie repoussés de Messine. Nous ignorons encore les détails de cette invasion, mais, ce que personne ne cherche à nier, c'est que le choléra d'Ancône a été importé. On ne comprendrait pas en effet comment une maladie qui a épargné toute la partie de l'Italie placée en face de l'Égypte, mais fermée à ses provenances, aurait pu suivre mille détours pour franchir les Apennins ou s'engager dans l'Adriatique, et tomber justement sur la ville d'Italie qui avait reçu les provenances égyptiennes. Le fait de l'importation est donc admis de tous; nous verrons cependant quelques anti-contagionistes tout fraîchement convertis, mais encore ennemis, par un reste d'habitude, du système quarantenaire, se prévaloir de ce que le choléra est entré à Ancône malgré les quarantaines; singulière contradiction de ceux qui, après avoir repoussé les quarantaines parce que le choléra n'est pas importable, les repousseront encore parce qu'il est. . . . . trop importable! Idée malheureuse qui donnera cours à une doctrine plus malheureuse encore, sur laquelle nous reviendrons à propos des lazarets. Peut-on, à l'amélioration et au progrès des mesures préventives, préférer l'inaction du fatalisme ?

D'Ancône, le mal s'est fort peu répandu et il n'a guère été meurtrier qu'à San-Severo, dans la Capitanate. Il est vrai que la plupart des villes d'Italie prennent des précautions d'isolement sévères et par trop égoïstes. Le fait de préservation le plus remarquable est celui de Messine, qui est parvenue à ne recevoir dans son sein ni voyageurs ni marchandises venant d'Alexandrie. Ancône ravagée, Messine préservée, voilà une preuve et une contre-épreuve en faveur de l'importation.

Comme notre voisine de gauche, l'Italie, notre voisine de droite, l'Espagne, a reçu le fléau dans ses ports. Valence et plusieurs localités environnantes ont été les premiers atteints. La province limitrophe de Castellon l'a été ensuite avec une grande mortalité dans sa capitale surtout, située sur la Méditerranée. Barcelone a éprouvé plus tard une épidémie assez forte qu'on a voulu d'abord nier et qui, à cette heure, n'est pas encore terminée. Alicante a beaucoup souffert, à la suite de l'arrivée de quelques troupes venant, dit-on, de lieux infectés. L'épidémie a visité aussi la province voisine de Murcie, et notamment Carthagène; elle n'a pas épargné non plus les îles Baléares, et la ville de Palma, dans Majorque, en souffre cruellement. Gibraltar paye aussi son tribut, et c'est lui qu'on soupçonne de pouvoir infecter l'Angleterre, car, deux cas de choléra s'étant déclarés ces jours derniers à Southampton, le *Times* fait remarquer que ce port n'est qu'à quatre jours de Gibraltar, où touchent toujours les steamers de Southampton. « Ce fait, ajoute-t-il, exige que toutes les « précautions sanitaires soient prises à l'instant même, afin « de préserver du choléra non seulement Southampton, « mais l'Angleterre tout entière (1). »

A propos de la présence du choléra en Espagne, M. P. Garnier, dans l'*Union médicale* (2), fait la réflexion suivante :

« Si, de cet itinéraire de l'épidémie au nord-ouest de « la Méditerranée, l'on rapproche celui qu'elle a suivi en « sortant de son foyer primitif, envahissant successivement « tous les ports de la côte orientale : Damas, Smyrne,

(1) N° du 27 septembre 1865.
(2) N° du 12 septembre, pag. 502.

« Constantinople, Scutari et tous les lieux situés sur les
« deux rives du Bosphore, remontant dans la Mer Noire
« jusque sur les rives du Danube, à Galatz et Braïlow, sans
« épargner les îles intermédiaires placées sur son passage,
« comme Chypre, Malte, où elle sévit avec fureur, et jus-
« qu'au milieu de l'Archipel grec, on ne peut guère se re-
« fuser de voir là un effet de la navigation et comme un
« témoignage éclatant de la contagion de cette maladie. »

Nous espérons que cette vue d'ensemble, la seule qu'il
soit possible de donner actuellement, en l'absence de rapports scientifiques officiels, fournira une preuve suffisante
de l'importation du fléau.

Le choléra d'Alexandrie viendra-t-il à Marseille ? Telle
est la grande question qu'on se posait il y a un peu plus de
trois mois.

Ils avaient des craintes motivées ceux qui savent que cette
maladie est importable, c'est-à-dire la plupart des médecins
de notre ville et le Conseil de santé. Nos concitoyens
partageaient ces craintes, car ainsi que l'écrivait fort bien
le premier magistrat de notre cité, « un fait incontestable
« et sur lequel le grossier bon sens des masses est parfaite-
« ment d'accord avec les études et les raisonnements des
« hommes spéciaux, c'est que les miasmes délétères qui
« produisent le choléra se communiquent et se transmettent,
« soit par les hommes, soit par les choses (1). »

Telles sont les opinions qui furent transmises à Paris, non
seulement avec le consentement, mais, si nous sommes bien

(1) Lettre de M. le Maire de Marseille à M. le Sénateur, en date du
29 juin 1865.

informés, avec l'appui motivé de M. le Sénateur chargé de
de l'administration de notre département.

Ces appréhensions, on le sait, ne furent point partagées
en haut lieu, car M. le ministre répondait aux instances réi-
térées de nos autorités locales :

« Elle (l'administration) ne doit pas préjudicier à des in-
« térêts sérieux pour ménager des craintes exagérées qu'au-
« cun fait récent ne justifie et que la science réprouve (1). »

L'évènement devait décider entre la science pratique des
médecins de Marseille et les théories scientifiques de ceux de
Paris ; entre les tristes prévisions de nos autorités locales et
la complète sécurité de l'autorité centrale ; grave évènement, car *les intérêts les plus chers* d'une population de trois
cents mille âmes, et peut être de la France entière, étaient
en jeu.

L'on ne sait que trop à qui les faits ont donné raison ; l'on
ne sait que trop quelles théories *la science réprouve*, aujour-
d'hui que le choléra a fait à Marseille près de deux mille vic-
mes et qu'il exerce encore d'affreux ravages chez nos voisins
d'Arles et de Toulon. Évidemment, la faute n'en est pas aux
hommes, qui ont, à n'en pas douter, le désir de bien faire ;
elle est aux doctrines ; mais au moins qu'on reconnaisse
l'erreur des doctrines. Les théories ont défié le choléra de
venir à Marseille ; c'était pour elles une question de vie ou
de mort ; malgré elles, le choléra est venu ; qu'elles meurent !

Nous ne pouvons encore étudier dans tous ses détails

(1) Lettre à M. le Sénateur de Maupas, en date du 17 juillet.

l'origine de cette invasion cholérique, M. le directeur de la santé n'étant pas autorisé à fournir des documents à qui que ce soit, pas même aux membres du Conseil de santé, qui ne peuvent prendre connaissance que des procès-verbaux des séances auxquelles ils ont assisté. D'autre part, nous savons que la Société impériale de médecine s'occupe de cette grave question ; elle recueille des faits, et nous nous fions à elle pour la publication d'une relation complète et pleinement démonstrative.

Un point essentiel à établir tout d'abord, c'est qu'en l'été de 1865 il ne régnait à Marseille aucune disposition aux maladies du tube digestif, et en particulier aux affections cholériques. Un relevé comparatif présenté à la Société de médecine par son président, M. le Dr Jubiot, prouve qu'à l'hôpital militaire les cholérines d'été se sont montrées beaucoup plus rares cette année qu'en 1864 ; même remarque a été faite dans la pratique civile par les membres de la Société.

Ainsi notre ville était dans les meilleures conditions sanitaires lorsque les émigrés d'Alexandrie ont débarqué.

Du 19 juin au 31 juillet, 29 paquebots à vapeur sont arrivés d'Alexandrie à Marseille, ayant à bord une population de 4,020 personnes, dont 2,293 passagers et 1,727 hommes d'équipage. Nous négligeons les bâtiments à voiles de même provenance arrivés dans le même laps de temps.

Sur ce nombre, 8 paquebots porteurs de patentes nettes ont été admis en libre pratique, ce sont :

La Stella, arrivée le 9 juin, avec 97 passagers et 26 hommes d'équipage ;

Le Byzantin, arrivé le 12 juin, avec 55 passagers et 44 hommes d'équipage ;

La Marie-Louise, arrivée le 14 juin, avec 21 passagers et 25 hommes d'équipage ;

La Syria, arrivée le même jour, avec 106 passagers et 114 hommes d'équipage ;

Le Volga, arrivé le 16 juin, avec 29 passagers et 70 hommes d'équipage ;

Le Saïd, arrivé le 15 juin au Frioul et admis le 17 à la Joliette, avec 190 passagers et 80 hommes d'équipage ;

Le Mont-Faloux, arrivé le 20 juin, avec 5 passagers et 22 hommes d'équipage ;

Le Nyanza, arrivé le même jour, avec 46 passagers et 104 hommes d'équipage.

Ce n'est que le neuvième paquebot, *la Marie-Antoinette*, qui est arrivé avec patente brute. L'on sait, d'ailleurs, que pour les paquebots munis de patentes brutes, les mesures de quarantaine et de purification ont porté uniquement sur les effets, et que les voyageurs d'Alexandrie ont pu être débarqués à Marseille six jours après leur départ d'Egypte.

Voici maintenant quelques détails qu'il nous a été donné de recueillir relativement aux navires partis avec patente nette :

Le premier de tous, *la Stella*, avait, sur 97 passagers, 67 pèlerins revenant de la Mecque ; c'étaient des hadjis, ils faisaient partie des convois qui ont importé le choléra à Alexandrie. Le 8 ou le 9 juin, *la Stella* avait jeté à la mer deux de ces pèlerins, le 22e inscrit sur les registres du bord, Nadji-Bouzian, et le 67e, Ben-Sliman. Le capitaine Regnier, nous devons le dire, attribue la mort du premier à une tumeur de la face; et celle du second aux fatigues du voyage. Les autres ont été débarqués au fort Saint-Jean, à l'entrée du vieux port; là, le 11, deux jours après son arrivée, est mort un autre hadji, Ben-Kaddour. M. l'aide-major Renard, appelé pour constater le décès, n'a appris qu'une chose, c'est que cet homme a succombé à une diàrrhée qu'il avait depuis quelques jours. Nous n'attribuons pas à ces faits une valeur pleinement démonstrative. Que *la Stella* ait contribué à l'importation du choléra : c'est probable; mais on a tort de dire qu'elle l'a faite à elle seule.

Nous savons aussi que la *Syria* et le *Mont-Faloux* avaient eu pendant la traversée plusieurs malades, mais point de décès.

Nous savons encore, d'une manière positive, que le *Saïd*, parti également avec patente nette, avait perdu deux passagers, du choléra, pendant *la traversée*.

C'est à la suite de l'entrée dans nos ports de tous ces navires, plus ou moins infectés, que le choléra a envahi les quartiers qui environnent ces ports. Quelques très-rares décès ont été signalés vers la fin juin, environ 35 décès ont été enregistrés dans le mois de juillet. Pendant la première quinzaine d'août, le nombre des malades a sensiblement augmenté, mais le choléra était encore concentré dans le voisinage des ports, à tel point que tels praticiens qui exercent la médecine dans ces quartiers, les docteurs Cartoux et Alex. Martin, avaient vu chacun de 15 à 20 cholériques, quand la plupart des autres médecins n'en avaient pas encore soigné un seul. Tout-à-fait au début de l'épidémie, l'hôpital militaire avait reçu plusieurs cholérines et trois hommes rapidement enlevés par un choléra foudroyant. Tous ces malades provenaient uniquement des casernes placées à l'entrée des ports.

Cette marche de l'épidémie nous paraît suffisamment probante. Nous n'avons pas eu le loisir de faire une enquête sur chacun des cas en particulier. Nous savons seulement qu'un des premiers malades traités par M. Seux, à l'Hôtel-Dieu, fut un arracheur de dents qui était allé exercer son industrie sur les bateaux à vapeur fraîchement arrivés d'Alexandrie. Le docteur Crouzet nous a remis la note des divers cas de choléra qu'il a observés dans les mois de juillet et d'août ; nous y trouvons deux employés des Docks, la femme d'un capitaine marin, une femme dont le mari est interprète à bord des navires, une autre dont le mari est peintre en bâtiment, une autre dont le mari est calfat, une autre enfin dont le fils travaille sur les quais, une jeune fille dont le père est batelier, etc., etc.

Un fait qui a fait sensation est celui de la veuve Dussac et de sa fille, frappées mortellement à un jour d'intervalle, vers la mi-juillet. Des renseignements pris à bonne source ont prouvé que, depuis un mois, ces dames avaient, à plusieurs reprises, reçu des objets par les navires des Messageries Impériales venus d'Alexandrie, qu'elles avaient reçu la visite de marins appartenant à ces navires, et l'on croit même qu'elles s'étaient rendues à bord. Nous savons d'une manière positive qu'un colis à leur destination se trouvait sur le *Copernic*, vapeur des Messageries, arrivé le 2 juillet, celui-là précisément qui avait été repoussé de Messine.

Mais le cas de Ch. Désert est bien plus démonstratif. Désert était contre-maître dans un atelier de peinture ; le 8 juillet, il passa une grande partie de la journée à bord du *Mœris*, arrivé le 5 d'Alexandrie, *et peignit la dunette*, ainsi que cela est constaté sur le registre des journées de travail tenu à l'atelier. Du 8 au 14, il travaille sur un autre paquebot, placé bord à bord avec le *Mœris*, et, en sa qualité de contre-maître, passe de temps en temps sur le *Mœris* pour surveiller les ouvriers. Dès le 11, il est atteint par la diarrhée prémonitoire et, le 22, il succombe à une attaque de choléra type, suivant l'expression du docteur Crouzet, son médecin, qui avait, en 1854, observé nombre de cholériques à l'hôpital militaire.

Deux femmes avaient soigné Désert ; l'une d'elles perd deux enfants du choléra les 23 et 24 juillet, elle est ensuite atteinte, mais légèrement.

Vous qui niez l'importation du choléra, cela vous suffit-il ?

En résumé, cette troisième invasion, autant et plus que les deux premières, prouve que le choléra est importable.

Le choléra est importable ; c'est un fait que l'histoire démontre et que la médecine doit accepter ; c'est une loi scientifique qu'il faut reconnaître et dont il faut déduire les conséquences pratiques.

Ce qui est surtout incontestable, et ce que met en lumière le récit que nous avons fait des trois grandes invasions du choléra indien, c'est que le fléau voyage sur mer avec les navires, sur terre avec les masses d'hommes, pèlerins et corps de troupes. Ce fait capital une fois admis, certaines mesures] préservatrices doivent en être les conséquences logiques au point de vue de la science, nécessaires au point de vue de l'humanité. Il faut s'opposer d'une part à ce qu'un navire infecté débarque le fléau dans les ports où il se rend, d'autre part à ce que des corps de troupes et des caravanes de pèlerins le sèment sur leur passage ; en un mot, l'entrée d'une ville saine doit être interdite aux navires et aux masses d'hommes qui *importent* le choléra. Tel est le but des quarantaines.

CHAPITRE DEUXIÈME.

—

Comment se fait l'Importation ?

———

L'importation du choléra étant reconnue, le rétablissement des quarantaines en est la conséquence rigoureuse, à moins qu'on ne lui préfère la résignation passive du fatalisme musulman. Mais nous devons encore déterminer les divers modes suivant lesquels l'importation se produit, les conditions dans lesquelles elle s'opère, les circonstances qui la favorisent ou l'arrêtent. Cette étude doit avoir pour but pratique d'arriver à introduire des améliorations dans le régime quarantenaire, pour parvenir enfin à préserver les pays où se fait l'émigration, sans nuire à la santé des émigrants ni aux intérêts du commerce ; elle doit conduire également à l'application des mesures d'hygiène qui limitent les funestes conséquences de l'importation, dans les cas où l'on n'a pu l'éviter.

I.

Une fois qu'on a lu l'histoire des migrations du choléra dans le monde, il est impossible de nier que cette maladie se propage par foyers d'infection; mais de quoi se composent ces foyers? Quels en sont les éléments essentiels et primitifs?

Obligés de se courber devant l'évidence des faits, certains théoriciens qui tenaient absolument à ce que le choléra fût dans l'air, ont admis l'existence de colonnes d'air voyageant avec les navires ou avec les masses d'hommes, et chargées de principes cholériques. Mais on ne peut sortir du dilemme suivant : ou bien c'est une partie de l'air atmosphérique qui accompagne ainsi les navires et les caravanes, ce qui est physiquement absurde, l'atmosphère est sans cesse agitée, et le moindre zéphyr emporte loin de nous l'air que nous respirions il y a un instant encore; ou bien, de la masse d'hommes ou du vaisseau des miasmes toxiques se répandent à tout moment et rayonnent sans cesse autour du foyer d'infection, ce qui est seul admissible.

Mais, ce foyer d'infection, nous devons l'analyser à son tour. La masse d'hommes se compose d'individus, les effets des hommes, les marchandises et le navire lui-même se composent d'objets divers. Ceux qui ont nié si longtemps avec tant d'énergie que le choléra fût transmissible soit par les hommes, soit par les choses, ont été naguère forcés d'admettre qu'il se propage par foyers d'infection. C'est un aveu déguisé de leur primitive erreur, et, pour ceux qui sont logiques, c'est une conversion complète. Ce qui se dégage d'une réunion d'individus semblables, se dégage en quantité moindre d'un seul individu. Reconnaître que des miasmes émanent de cent cholériques, c'est avouer que dix cholériques, que deux cholériques peuvent en produire aussi; pourquoi donc un cholérique isolé n'en produirait-il pas? Qu'on y réfléchisse bien : le foyer d'infection cholérique n'est qu'un être de raison; il n'a d'influence que parce qu'il représente le résultat de plusieurs actions réunies. Au fond, les porteurs de miasmes sont d'une part les individus malades, d'autre part les objets qui les ont environnés. Voilà ce qu'indiquent la logique et le simple bon sens, mais dont il convient cependant de donner une démonstration rigoureuse au moyen des faits.

Les faits ne manquent pas; on les trouve déjà réunis en grand nombre dans l'ouvrage du professeur Anglada (1) et dans celui de M. Brochard (2). Nous allons en citer quelques-uns, et pour éviter cette éternelle objection que nos prétendus cas de transmission directe sont simplement le résultat d'uue influence épidémique générale, nous les choisirons parmi ceux où il est impossible d'accuser l'action générale et commune d'une épidémie.

Veut-on des preuves de la transmission du mal par un individu malade ?

Une nourrice part de Paris, où le choléra sévissait, avec des prodromes de la maladie, qui, à son arrivée dans son

____

(1) Anglada. *Traité de la contagion.* 1853.
(2) Brochard. *Du mode de propagation du choléra.* 1851.

pays, à Brunelles, dans l'Eure-et-Loir, était en plein développement ; elle meurt le lendemain ; son nourrisson succombe au bout de quelques heures ; sa sœur, qui était accourue pour lui donner des soins, est atteinte presque aussitôt et succombe quelques jours après. Voilà donc une femme saine, habitant un pays sain, qui est frappée de choléra pour avoir approché une cholérique. Ce fait se passe dans une maison isolée ; aucun autre cas ne fut observé à Brunelles ; on ne peut accuser ici l'influence épidémique.

Une autre nourrice venue de Paris succombe avec son enfant à Nogent-le-Rotrou ; mais, des femmes qui la soignaient trois sont frappées, deux mortellement ; dès ce moment, le fléau envahit la ville et y produit de grands ravages.

« Ces faits sont graves, dit le professeur Grisolle, qui les
« reproduit d'après M. Brochard ; il est difficile de croire
« qu'il n'y ait eu là qu'une coïncidence, et même en suppo-
« sant une influence épidémique encore occulte, il ne serait
« pas moins extraordinaire de voir la maladie frapper ex-
« clusivement d'abord les personnes qui ont été en rapport
« avec les premiers malades (1). »

Autre fait, encore emprunté à l'ouvrage du Dr Brochard :

La commune de Masles se trouvait au centre d'une circonférence d'un rayon de 60 kilomètres au moins, dans laquelle n'existait pas la plus légère influence cholérique. La femme C..., de Masles, va voir à Paris sa fille convalescente d'une attaque de choléra. Elle revient avec un peu de diarrhée prodromique, et, huit jours après son retour, elle

---

(1) *Pathologie interne*, t. 1, pag. 742.

est en pleine algidité. Sa mère vient lui donner des soins, et meurt de la même maladie; le petit enfant de sa fille, qui était en nourrice près de là, est apporté chez elle ; il meurt également. Après cela le choléra n'attaqua plus personne dans la commune de Masles.

Le Dr Pellarin a communiqué à l'Académie de médecine (1) la série de faits suivante :

Un cultivateur demeurant au village de Bois-Geoffroy est pris du choléra à son retour de la ville de Pontrieux alors en proie à l'épidémie, et succombe en 24 heures. Sa femme est bientôt frappée et le suit de quelques heures dans la tombe. Une voisine qui les a visités est atteinte à son tour, puis son frère, puis la femme de celui-ci, puis une journalière qui avait veillé l'un d'eux, puis la sœur de cette journalière, qui l'avait soignée ; mais on ne vit apparaître aucun cas parmi les habitants qui n'avaient pas approché les malades, et le village échappa à l'épidémie.

Le Dr Padioleau, de Nantes (2), rapporte une série de transmissions qui n'est pas moins remarquable :

Un enfant de 12 ans meurt du choléra; son oncle, qui l'avait soigné, est attaqué huit jours après de la même maladie et succombe en quelques heures. La sœur de l'enfant, qui avait soigné son oncle, est atteinte six jours après le décès de ce dernier, mais ne meurt pas. Une parente quitte Reynes pour venir la soigner, prend la maladie et succombe.

D'après le même auteur, le choléra fut importé à Paimbeuf, jusqu'alors complètement indemne, par un matelot

(1) 23 juin 1850.
(2) *Gazette médicale* de Paris, 1850.

qui succomba à une attaque de cette maladie dès les premières heures de son arrivée. Il fut également importé à Beautour, par un jeune homme de Nantes; la personne qui l'ensevelit mourut deux jours après, et dès lors le fléau sévit dans ce petit village.

En 1833, la frégate *la Melpomène*, celle là même qui est aujourd'hui dans notre port, arrive de Lisbonne ayant à bord un certain nombre de cholériques. Les malades sont débarqués au Lazaret, où quatre infirmiers forçats et un garde-chiourme sont détachés pour leur donner des soins ; sur ces cinq hommes, quatre meurent du choléra ; mais le fléau, pour cette fois, ne franchit pas l'enceinte du lazaret. Ce fait est reproduit par M. Anglada, d'après le témoignage de M. Reynaud, inspecteur général du service de la santé de la marine, et il impressionna vivement M. le professeur Bertulus qui en fut le témoin oculaire.

En voilà assez pour prouver que les cholériques peuvent transmettre la maladie dont ils sont atteints. Cependant, avant de quitter ce sujet, qu'on nous permette de rapporter un fait tout récent, qui nous est personnel.

Jusqu'au déclin de l'épidémie qui vient de désoler Marseille, la rue Saint-Léopold, perdue dans un repli de la colline Notre-Dame-de-la-Garde, avait été complètement indemne. Le 27 septembre, l'avant-veille de la Saint-Michel, arrive dans cette rue, au numéro 24, une famille composée de cinq personnes, le père, la mère et trois enfants, qui portaient les germes du choléra. Avant que le déménagement fût terminé, le mal avait éclaté. Appelés le 27 au soir, nous trouvons un des enfants qui n'était plus qu'un cadavre ; la mère et un autre enfant sont pris quelques heures après et meurent dans la nuit; le troisième enfant est recueilli par des amis, et le lendemain l'on vient prévenir le père que son dernier enfant est mourant ; il était en effet en proie à une violente attaque cholérique à laquelle, cependant, il ne succombe pas. Le 29, dans une maison située en face, un petit enfant meurt du choléra. Le premier octobre, dans la même maison, un autre petit enfant est pris d'une forte diarrhée. Le 2 octobre, dans la maison placée à côté de celle-ci, une femme est en proie à un choléra des plus violents. Le même jour, au numéro 9 de la même rue, un enfant de 8 ans est foudroyé en trois heures.

Au moment où nous écrivons ces lignes, nous ignorons encore si le fléau bornera là ses ravages dans ce quartier, mais il nous paraît difficile, au moment où l'épidémie s'éteint, d'attribuer l'apparition du fléau dans la rue Saint-Léopold à autre chose qu'aux émanations des premiers malades.

Quelques faits tendent à démontrer aussi que les individus sains peuvent être des agents de transmission du mal. Parmi ces faits, un des plus probants a été rapporté par le Dr Duchassaing, dans le travail que nous avons déjà cité.

En juillet 1850, la ville de Panama était depuis plusieurs mois complètement délivrée de l'épidémie qui, en 1849, avait sévi sur elle. Un vapeur américain, le *Panama*, venant de Californie, a perdu pendant la traversée 18 personnes du choléra. Équipage et passagers débarquent immédiatement et se répandent dans la ville. La nuit suivante, une femme qui avait fait chambre commune avec l'un des employés du vapeur, est attaquée du choléra et périt en quelques heures;

le lendemain, un nouveau cas se présente ; au bout de quelques jours une cruelle épidémie s'est déclarée.

Coïncidence ! dira-t-on peut-être. En voici une autre du même genre, que vient de nous faire connaître M. Tuefferd (1) médecin des épidémies. Un fuyard du village de Beaumont, décimé en 1854 par le choléra, va se réfugier à Poumay, qui n'a pas eu un seul cholérique ; quatre jours après, la famille qui le reçoit a un premier malade, puis un second, et l'épidémie se propage dans toute la commune.

Ici la maladie a été importée, non point par des malades, mais par la personne et les vêtements d'un individu sain. Un homme ne peut évidemment donner une maladie qu'il n'a pas, mais les faits précédents prouvent que son corps et les objets dont il est revêtu peuvent servir de réceptacle aux agens morbides qui communiquent le choléra.

Les objets qui environnent les malades, et à plus forte raison, ceux qui les enveloppent, peuvent être également des agents de transmission du mal. Un navire, par exemple, qui vient de débarquer ses malades, peut contenir encore dans ses flancs les germes du fléau ; c'est ainsi que *la Melpomène*, dont nous venons de parler, en même temps qu'elle déposait son équipage au lazaret de Toulon, recevait à bord quatre gardes de santé dont l'un fut pris le jour même et mourut en huit heures ; deux autres éprouvèrent le lendemain une atteinte mortelle, tandis que le quatrième, également frappé, était assez heureux pour guérir. D'ailleurs, n'est-ce pas dans des conditions analogues que Désert a contracté le choléra ?

(1) Union médicale 4 oct. 1865.

Mais c'est surtout le linge des cholériques qui peut être le réceptacle des germes morbides. Beaucoup de faits le prouvent, dont quelques-uns offrent toutes les garanties d'authenticité désirables. Le professeur Anglada cite le suivant :

La femme Préville, demeurant à Nogent-le-Rotrou, meurt du choléra. Son mari se rend immédiatement à 8 kilomètres de Nogent, au bourg de Condé-sur-Huisne, emportant les effets et le linge de la pauvre femme, sans avoir eu la précaution de les faire blanchir. Une voisine, qui se portait fort bien, visite ce linge et le nettoie ; elle meurt en 50 heures du choléra ; avant et après ce fait, pas un seul cas de cette maladie ne fut observé dans toute la commune de Condé.

Rapportons aussi un fait que le Dr Guastalla (1) raconte avec bien d'autres :

Un certain Sbisa est pris à Trieste de choléra et en échappe. Selon son habitude, il envoie blanchir son linge à Rovigno, son pays natal, dans la maison qu'habitent en commun sa mère, son frère et sa nièce. Peu de jours après, sa mère, son frère et sa nièce succombent au choléra, dont aucun autre cas ne fut signalé dans Rovigno.

Dernièrement encore, M. Pirondi père a recueilli des faits de transmission du choléra par le linge, et il en garantit l'authenticité.

Dans la province de Reggio-Emilie, trois blanchisseuses, dont deux dans le village de Bibiano et une dans celui de

(1) *Osservazioni medico-pratiche sul cholera asiatico*. Trieste, 1849.

Cavriago, ont été atteintes après avoir lavé du linge provenant d'Ancône. A Reggio même, un infirmier qui donnait des soins à un lancier alité par suite de fracture à la jambe, est frappé de choléra. On a appris que tout le linge appartenant à ce lancier, lui avait été légué par un de ses camarades mort à Ancône victime de l'épidémie. Le fracturé ne pouvant se lever, c'était l'infirmier qui avait soin de ce linge.

Le choléra est donc transmissible à la fois par les malades et par les objets placés dans leur voisinage plus ou moins immédiat.

Conclusion pratique : Il est conforme à la science et à la raison, il est surtout du devoir de ceux qui veillent à la santé publique de prendre des mesures de précaution : d'une part, à l'endroit des personnes qui arrivent d'un pays infecté, étant atteintes ou pouvant être bientôt atteintes du choléra ; d'autre part, à l'endroit des objets qui ont entouré les malades et des navires qui les ont portés.

Pour les objets, ces mesures doivent consister en moyens de désinfection ou d'assainissement, sur lesquels nous nous expliquerons plus tard ; et de plus, en mesures d'isolement, jusqu'à ce que l'on ait trouvé des procédés de désinfection capables de détruire sûrement les corpuscules délétères.

Il résulte encore de la démonstration qui précède, q'une personne voyageant ou séjournant avec des cholériques sera, pendant tout le temps de ce voyage ou de ce séjour, exposée à contracter le choléra. C'est donc une nécessité, au moment de l'arrivée, de séparer complètement les individus sains de ceux qui sont malades et des objets susceptibles d'être contaminés, c'est-à-dire du navire et des marchandises.

Mais ces personnes saines en apparence peuvent être en incubation du mal. Si elles tombent malades à leur tour, elles deviendront de nouveaux foyers d'infection. Il faut donc les isoler un certain temps avant de les laisser pénétrer dans une ville saine ; il faut également isoler des autres celles qui, pendant ce temps d'observation, viendraient à tomber malades.

Quant au temps d'observation lui-même, combien doit-il durer ? La réponse à cette question est la recherche de la durée d'incubation du mal. Sans préciser une période fixe et immuable, les documents que nous possédons sur l'importation du choléra nous donnent, sur ce point encore, des renseignements utiles.

L'incubation du choléra est, en général, très-courte. Nous venons de citer plusieurs cas où elle a duré à peine quelques heures : Ainsi la sœur de la nourrice arrivée de Paris à Bruxelles, fut atteinte presque immédiatement ; ainsi furent frappés, en l'espace de moins d'un jour, la femme de Panama, celle de Bois-Geffroy, l'un des gardes de santé envoyés à bord de la *Melpomène* et deux des infirmiers forçats placés auprès des malades débarqués de cette frégate. Nous possédons aussi et nous avons cité des faits où la maladie se déclara de deux à six jours après que ses victimes avaient été en contact avec les premiers cholériques, MM. Briquet et Mignot (1) ont observé que, dans la grande majorité des cas, cette incubation était de deux à quatre jours, et que, passé le cinquième, l'immunité était la règle.

(1) Ouvr. cit.

Nous avons donné quelques exemples où la maladie n'éclata que plus tard ; ainsi, dans l'un des faits que dous avons empruntés à M. Padioleau, l'oncle n'est pris du choléra que huit jours après avoir soigné son neveu. La femme C......, de Masles, présente des symptômes cholériques huit jours seulement après son arrivée de Paris, mais elle était partie avec un peu de diarrhée. A quoi aurait servi, en pareille circonstance, une quarantaine de cinq jours ? Enfin le peintre Désert ne meurt que quatorze jours après la première journée passée à bord du *Mœris*, mais il avait été indisposé dès le troisième jour.

En résumé, la période d'incubation du choléra nous paraît être, le plus souvent, assez courte ; mais, comme la diarrhée prodromique peut se prolonger, il nous paraît prudent de soumettre les personnes venant de pays infectés à un isolement complet et à une surveillance sévère de plus d'une semaine. C'est là, d'ailleurs, une question importante qui sera traitée à propos des changements à demander dans le système actuel.

Mais à quelle distance des villes doivent être tenues les personnes soumises à l'isolement? Voilà encore une question que nous devons traiter ailleurs que dans ce chapitre, mais sur laquelle on peut demander quelques lumières à l'histoire de l'importation du choléra.

Les faits nous apprennent que très-souvent le choléra ne se transmet qu'à de faibles distances. Ainsi, quand les cholériques de la *Melpomène* furent débarqués au lazaret de Toulon, et qu'il s'y développa un foyer assez intense d'infection, non seulement le mal ne gagna pas la ville, mais il ne se répandit même pas dans toute l'enceinte du lazaret.

Le 31 octobre 1834, d'après M. Reynaud et M. Bertulus, quand la corvette américaine le *John-Adams*, infectée de choléra, mouilla au milieu de la rade de Toulon, le garde de santé envoyé pour la surveiller, fut bientôt atteint par la maladie, mais les navires voisins, avec lesquels défense formelle lui avait été faite de communiquer, restèrent complètement indemnes.

Dans les salles d'hôpital, nous voyons le plus souvent le choléra attaquer d'abord les malades placés dans le voisinage immédiat des cholériques. Ainsi, à Marseille, en 1865, à l'hôpital de la Conception, nous le voyons à son début frapper trois malades couchés dans la même salle que les cholériques, et l'infirmier de cette salle. C'est ce qui etait déjà arrivé en 1835, à notre Hôtel-Dieu, car, nous dit un médecin anti-contagioniste, le Dr Sue (1) :

« Non seulement les infirmiers qui servaient les choléri-
« ques ont été généralement atteints de la maladie, à laquelle
« quelques-uns ont succombé, mais une grande partie des
« servants attachés à la salle des hommes fiévreux, contiguë
« aux salles des cholériques, et la plupart des fiévreux ont
« ressenti l'influence épidémique d'une manière frappante ;
« ce qui n'a pas eu lieu dans la salle des femmes fiévreuses,
« qui n'avaient aucun rapport avec les malades atteints du
« choléra. »

MM. Briquet et Mignot nous disent également :

(1) Relation de l'épidémie de choléra morbus qui a régné à Marseille de 1831 à 1835, pag. 137.

« L'épidémie, dans les salles , a eu pour point de départ
« les premiers cholériques. Elle s'est, de proche en proche,
« communiquée d'abord dans le voisinage, laissant pendant
« quatre jours les trois quarts de l'hôpital dans l'immunité la
« plus complète, et ne s'est, étendue que successivement aux
« autres parties de l'établissement. »

Ces mêmes auteurs nous apprennent encore qu'à l'hôpital
de la Charité , tandis que les religieuses et les infirmiers surtout furent rudement éprouvés, les employés domiciliés dans
l'établissement , que la nature de leur service n'appelait que
momentanément dans les salles, n'ont point été affectés ou
ne l'ont été que légèrement.

A ces faits qui prouvent que, dans bon nombre de circonstances , le choléra se borne à franchir de très-petites distances, on peut en opposer d'autres où il semble s'être d'emblée répandu au loin , sans parler de ceux où , l'origine du
mal étant demeurée inconnue , on peut l'accuser d'avoir
franchi des espaces indéterminés.

Dès les premiers temps de l'épidémie que nous subissons
actuellement à Marseille , l'hospice des aliénés de St-Pierre
eut un grand nombre de victimes, et cependant les fous
n'avaient aucune communication avec l'extérieur ; tout au
plus peut-on faire observer qu'ils sont dans le voisinage de
l'hôpital de la Conception , sur la route et tout près du ci-
metière.

A New-York, le 27 juin 1832 , le choléra se manifesta
dans l'hospice de Bellevue , à trois milles environ de la ville.
La première personne atteinte fut une femme âgée qui n'avait
pas quitté l'établissement depuis trois ans, qui n'avait reçu

depuis un mois aucune visite, et qui n'avait eu aucune communication avec la ville ; bientôt plusieurs autres personnes tombèrent malades dans la maison.

Dans un problême où il y a tant d'inconnues, tant de détails importants qui échappent à l'investigation la plus scrupuleuse, il est permis d'être très-difficile sur l'acceptation des faits ; le dernier que nous venons de citer est un de ceux qui tendent le mieux à prouver que, dans certains cas, le choléra peut d'un seul bond franchir la distance de trois à quatre kilomètres ; mais il est difficile de lui accorder une plus grande puissance d'extension spontanée, surtout en nous rappelant, entr'autres faits, que dans son propre pays, dans l'Inde, en 1783, tandis qu'il tuait vingt mille hommes à Hurdwar, sur le Gange, il ne pouvait atteindre, à onze kilomètres de là, le village de Jawalpore. Nous l'avons vu souvent, dans nos pays, épargner une ville voisine, un quartier voisin d'un foyer d'infection.

Donc, règle générale, le choléra, pour franchir une distance de quelque cents mètres, et à plus forte raison de quelques kilomètres, a besoin de l'importation aidée de plus ou moins de causes adjuvantes,

II.

Nous avons prononcé le mot de causes adjuvantes. C'est qu'en effet l'étiologie du choléra n'est pas toute dans l'im-

portation. Si les maladies vont là où on les porte, elles n'é-
clatent cependant que là où elles trouvent des conditions favorables à leur développement. Nous consacrons ce travail à
démontrer l'importation, à en étudier les modes, et à indiquer les moyens de la prévenir; mais nous oublions moins
que personne qu'il est des conditions qui favorisent ou en-
travent la transmission du mal, et qu'il est nécessaire de connaître pour en déduire une prophylaxie efficace.

Dans quelles conditions l'importation du fléau indien est-
elle plus facile ou a-t-elle plus de peine à s'opérer? Dans
quelles conditions aboutit-elle à une épidémie meurtrière?
Dans quelles conditions enfin ne parvient-elle qu'à faire de
rares victimes?

Sur ces diverses questions, l'histoire des grands voyages
du choléra indien à travers le monde nous fournit quelques
documents utiles. Ils se résument en deux catégories : influence de l'état tellu-atmosphérique, influence de l'hygiène publique et privée.

Les diverses influences tellu-atmosphériques ne peuvent
ni engendrer de toutes pièces ni frapper à mort le choléra.
De toutes, la plus incontestable et la mieux reconnue, est
celle de la température. Nous autres, Marseillais, nous ne
pouvons oublier que, dans notre ville, les plus néfastes journées furent en juillet 1835 et en juillet 1854. La maladie a
sévi de préférence dans les climats chauds et tempérés, et,
règle générale, elle a été plus meurtrière pendant les fortes
chaleurs. D'autre part, dans l'historique qui précède, nous
avons vu plusieurs fois, et notamment en 1847-48, les
rigueurs de l'hiver engourdir le fléau et arrêter sa marche

envahissante. Peut-on en conclure que le choléra est produit
de toutes pièces par la chaleur, et que le froid est un obstacle infranchissable à ses progrès ? De 1855 à l'année cou-
rante, Marseille et bien d'autres villes ont eu pendant plusieurs étés des chaleurs accablantes, sans que le choléra ait
fait au milieu d'elles la moindre apparition. D'un autre côté,
au milieu des rigueurs de l'hiver, en 1830, Moscou fut ra-
vagé par ce terrible fléau, et c'est en plein hiver qu'il fit
à Marseille sa première invasion.

La chaleur est donc une cause adjuvante, mais simplement
adjuvante ; le froid est un obstacle, mais non pas un obstacle insurmontable à la propagation du choléra.

Les transitions brusques de température le favorisent
plutôt qu'ils ne le combattent. A Marseille, dans plusieurs
épidémies, notamment en 1849, la mortalité a augmenté le
premier jour où soufflait le mistral qui nous amenait une
fraîcheur subite. A Vienne, en 1831, d'après une communication faite à l'Académie de médecine par le D\r Hedeloffer,
des ouragans suivis d'un refroidissement brusque de l'atmosphère produisirent une forte recrudescence. Certainement, dans ces cas, ce n'est pas le froid lui-même qui
est coupable, c'est la transition brusque de la température.

L'humidité ne joue pas un grand rôle parmi les auxiliaires
de l'importation ; ce qui le prouve, c'est que le fléau a fait
peu de mal en Angleterre, le pays humide par excellence,
et qu'il a respecté en France la ville de Lyon. Dernièrement
encore, à Barcelone, le lendemain d'une pluie diluvienne,
le choléra s'est sensiblement amendé. Cependant, si l'on

était tenté d'attribuer à l'humidité une vertu préservatrice, voici un fait qui démontrerait le contraire :

En mai 1832, le brick anglais le *Brutus*, parti de Liverpool pour Québec avec 330 passagers, vit le choléra éclater dans ses flancs. C'était le 25 mai. Du 2 au 6 juin, le temps était brumeux et sombre, la maladie fut très-meurtrière; le 6 le temps devint plus beau, et l'épidémie suivit une décroissance rapide.

Les villes situées sur les bords des fleuves ont été très-souvent visitées par le fléau; mais ce sont leurs relations commerciales qui en sont responsables, et non pas l'humidité.

La même remarque s'applique aux ports de mer; il n'est nullement prouvé que le voisinage de la mer favorise la maladie, et nous savons d'autre part qu'elle peut se montrer à une très-grande distance des côtes et à une très-grande hauteur. Graves a eu connaissance d'une épidémie qui a sévi à Landour, dans les Indes, à une hauteur de huit mille pieds, et les plateaux de la Tartarie, situés à dix mille pieds au-dessus du niveau de la mer, furent cruellement éprouvés. Cependant une certaine altitude peut rendre plus difficile le développement du mal : en 1817, lorsque le choléra détruisit les deux tiers de son armée, en garnison à Budlecund; le marquis de Hastings alla établir son camp à Erich, sur un plateau élevé; dès lors l'épidémie disparut.

Y a-t-il une constitution atmosphérique spéciale qui favorise le développement du choléra? Nous ne le savons; mais nous ignorons surtout en quoi elle consisterait. Dans ces derniers temps, on a fait beaucoup de bruit autour de

l'ozone ; l'on a vu dans sa diminution la cause des épidémies
cholériques. C'était faire beaucoup d'honneur à une chose
bien mal connue. L'on ne sait encore si l'ozone est une subs-
tance particulière, ou une qualité de l'oxygène, ou une qualité commune à plusieurs corps simples ; on n'a, pour la
doser, que des procédés défectueux, car l'humidité joue,
comme nous l'a fait observer le Dr Reynès, un grand rôle
dans la manière dont est influencé le papier ozonométrique.
D'ailleurs, le Dr Reynès a bien voulu nous communiquer les
expériences qu'il a faites pendant l'épidémie actuelle, et
il en résulte que l'air paraît assez fortement ozonisé pendant que le choléra nous afflige.

L'état électrique de l'atmosphère n'a pas, non plus, d'influence sensible sur le choléra, ainsi que le démontrent les
nombreuses expériences faites à Marseille pendant l'épidémie de 1849 par le Dr Sicard.

La constitution du sol agit-elle sur le développement de
cette maladie? Le Dr Pettenkofer répond par l'affirmative ; il
avance que, dans les parties de la Bavière qui sont restées
indemnes, le sol est compacte, à peu près imperméable, et
les eaux souterraines placées à une grande profondeur. D'a-
près lui, la porosité du sol et la présence de nappes d'eau à
une profondeur relativement faible, seraient les causes les
plus efficaces de la propagation du choléra. Il est actuellement impossible de préciser ce qu'il y a de vrai dans cette
théorie, mais, d'après la manière dont se fait l'importation,
nous pouvons fortement présumer que la nature du sol joue
un rôle assez minime dans le développement du choléra.

En résumé, exception faite pour la température, les influences tellu-atmosphériques ne jouent qu'un rôle très-accessoire dans la propagation du choléra, et leur étude nous conduit à cette seule conclusion pratique, à savoir que toutes les précautions prises pour se garantir de la chaleur et se prémunir contre les transitions brusques de température aident, ceux qui les emploient, à se préserver de la maladie.

L'importation et la propagation du fléau sont favorisés bien davantage par la négligence de certaines règles d'hygiène publique et privée.

L'influence des excès *de toute nature*, celle d'une nourriture indigeste, l'usage intempestif des boissons froides, alors surtout que le corps est en sueur, voilà autant de causes adjuvantes du choléra, que l'on connaît bien, mais que l'on n'évite jamais assez, et dont chaque jour le médecin constate le pernicieux effet.

Il est une autre cause adjuvante qui ne le cède en rien aux précédentes : c'est la prédisposition individuelle. Nous ne la connaissons pas dans son essence, mais on peut chaque jour observer son action.

Pour que le choléra germe et se développe dans un organisme, il faut que le terrain lui convienne ; c'est ce qui fait que nombre de personnes s'exposent sans cesse à des affections contagieuses, sans en éprouver les atteintes. La maladie même la plus contagieuse rencontre une foule d'organismes qui lui sont rebelles, et les médecins qui se sont intrépidement inoculé la peste n'ont prouvé qu'une chose, c'est qu'ils n'y étaient pas prédisposés.

Sans doute, c'est une grande exagération de dire, comme récemment un utopiste parisien, que les médecins et les personnes qui soignent les cholériques ne sont pas plus exposés que les autres ; beaucoup de faits prouvent le contraire.

Nous rappellerons à ce sujet qu'à Madras, en 1848, le choléra frappa 20 médecins, dont 13 succombèrent ; qu'à Jassy, en 1831, tous les médecins moururent, à l'exception de trois ; qu'à Saint-Pétersbourg, en cette même année, 17 médecins ont péri ; nous connaissons déjà le nom de 8 médecins qui, dans la derniere épidémie d'Ancône, sont morts au champ d'honneur ; nous avons appris qu'à Constantinople, le dernier choléra a coûté la vie à 18 médecins, et que les trois médecins de Jaffa ont été emportés par le fléau. Nous savons aussi qu'à Saint-Pétersbourg, d'après Jahnichen, et à Dublin, au rapport de Graves, le personnel des hôpitaux fut dix fois plus éprouvé que le reste de la population. Nous ne pouvons ignorer non plus que les infirmiers des hôpitaux militaires de Lyon et d'Alger, que ceux du bagne de Brest ont été cruellement moissonnés, et qu'à Marseille, en 1854, les sœurs hospitalières, les sœurs de charité, les infirmiers civils et militaires furent plus que décimés. Comment oublierions-nous enfin les pertes cruelles que, dans cette épidémie comme dans les autres, a faites notre corps médical, et les inquiétudes que nous ont causé plusieurs de nos confrères, dangeureusement atteints ? Cependant, nous devons reconnaître que les personnes qui se dévouent à soigner les malades ne sont pas toujours frappées dans une proportion beaucoup plus considérable que le reste des populations. C'est qu'en général, elles suivent une bonne hygiène et ne subissent pas l'action dépressive de la peur ; c'est que, répétons-le encore, pour contracter le choléra, comme les autres maladies, il faut y être prédisposé.

Une maladie importable frappera de préférence, non pas ceux qui se présentent d'eux-mêmes à ses coups, mais ceux qu'elle trouve dans des conditions hygiéniques mauvaises et avec des prédispositions favorables à son invasion.

Si donc une population ne peut, sans danger pour elle, ouvrir ses ports et ses foyers aux hommes et aux objets qui importent le choléra, un individu peut soigner des cholériques sans courir de grands risques d'être malade à son tour ; en se rendant au poste du devoir, de l'honneur et de la charité, il doit conserver l'espérance fondée de ne point y périr.

Autant que l'influence de l'hygiène privée et des prédispositions individuelles, le rôle de l'hygiène publique mérite d'être mis en relief.

Le choléra n'a pas sévi avec la même fureur dans toutes les villes où il a été importé. Dans les unes, il a fait peu de victimes ; dans les autres, il a exercé d'effrayants ravages. Sans doute, les causes de cette différence dans l'intensité du mal sont complexes, et, ce qui le prouve, c'est que, dans une même cité, les diverses épidémies n'ont pas été toutes également meurtrières. Mais une remarque générale à faire, c'est que, dans la plupart des pays où l'hygiène publique était dans de bonnes conditions, l'épidémie a été légère, et, dans toutes les villes où les conditions d'hygiène étaient mauvaises, la mortalité a été effrayante.

A Jassy, en 1834, sur vingt-sept mille habitants, il y eut six mille morts ; or, Jassy est dans une position des plus insalubres ; une population misérable y est entassée dans des rues étroites et sales. Par contre, l'épidémie qui, en 1832, sévit en Angleterre fut très faible, et à Londres, sur une population d'au moins quinze cent mille âmes, il y eut à peine quinze cents décès. « C'est, dit Graves, à notre alimen- « tation substantielle, à notre propreté excessive et à la « séparation des familles que nous devons rapporter l'im- « munité relative dont nous avons joui. »

Mais prenons pour termes de comparaison des villes placées dans des conditions climatériques analogues. L'épi- démie de 1832, qui, à Montréal, à Québec et même à New- York, sévit avec la violence de la peste, fit, toute proportion gardée, dix fois moins de mal à Philadelphie que dans ces trois villes. Mais voici, d'après le docteur Jackson, qui a écrit la relation de cette épidémie, les conditions dans les- quelles se trouvait Philadelphie :

La ville présente de vastes squares, séparés par des rues, spacieuses et bien percées ; par conséquent, il n'y a pas d'encombrement. Les rues, les ruelles et les allées sont entretenues dans un état de propreté parfaite.

Aucune épidémie n'a mieux montré l'influence des con- ditions d'hygiène publique, que celles qui nous afflige actuel- lement. On sait que chaque pèlerin de la Mecque doit égorger son mouton et ne pas le manger ; de ces moutons, les uns sont enfouis à une profondeur dérisoire ; les autres pour- rissent à l'air libre. « Dans le vallon de Muna, nous dit le « docteur Espagne (1), 30,000 cadavres d'individus morts

(1) *Gazette hebd. de méd.*, 21 sept. 1865.

« de fatigue ou de maladies diverses étaient entassés sur les
» cadavres des moutons. On se fait difficilement l'idée d'une
« infection pareille, augmentée encore par l'encombrement
« et l'élévation de la température. » Aussi, le choléra
exerça-t-il sur ces malheureux pèlerins des ravages épou-
vantables. A Alexandrie et à Constantinople, tandis que la
maladie sévissait avec violence dans les quartiers pauvres,
où était entassée une population misérable, les quartiers
riches, où l'on ne trouvait ni encombrement ni malpropreté,
ont été relativement épargnés. Il en a été de même à Marseille; et si notre ville, dans laquelle le choléra n'a pu se
propager que par l'importation prolongée qui lui a été
imposée, a moins souffert qu'Arles et Toulon, elle le
doit sans doute à ses conditions hygiéniques, qui s'amé-
liorant chaque jour, sont incomparablement supérieures
à celles de ces deux villes. Depuis la prolongation de la
Canebière et la construction de la rue Impériale, on voit
chez nous beaucoup moins de ces rues étroites où l'air a tant
de peine à circuler ; et le jour où la population de la vieille
ville et des faubourgs saura se conformer aux mesures qui
lui sont prescrites dans son intérêt, le jour où l'on ne pourra
plus construire de nouvelles rues sans plan régulier, les épidémies seront chez nous beaucoup plus rares et beaucoup
moins cruelles.

Mais, si les mesures d'hygiène publique, si l'aération et la
propreté des villes ont une influence préventive considérable,
on ne doit pas oublier qu'elles s'opposent à des causes adjuvantes et non à des causes productrices du choléra; elles
ne servent qu'à atténuer les conséquences de l'importation.

Le choléra peut se propager même dans les meilleures conditions d'aération et de propreté. Nous le savons, à Marseille surtout, où, dans plusieurs épidémies, notamment en 1849 et en 1854, les quartiers les plus aérés et les plus salubres, ceux de la place Saint-Michel, par exemple, ont été rudement éprouvés. Que l'on combatte donc autant que possible les influences qui viennent en aide à l'importation, mais que l'on n'oublie pas que, dans nos contrées, l'unique source du choléra, le dangereux ennemi sur lequel il faut concentrer nos plus énergiques efforts, c'est l'importation elle-même. L'importation, voilà, dans nos pays d'Europe, la véritable cause du choléra; les quarantaines, en voilà le meilleur préservatif.

Mais qu'on nous permette d'ouvrir ici une parenthèse sous forme de question incidente.

QUESTION INCIDENTE

et , pour le moment , insoluble.

I.

Nous avons démontré l'importation, nous en avons indiqué les modes : c'était prouver la nécessité des mesures quarantenaires qui vont être étudiées dans la deuxième partie de ce travail.

Mais la science marcherait d'un pas plus assuré et la pratique pourrait tracer des règles plus formelles, la prophylaxie et même la thérapeutique du choléra feraient un pas immense et décisif si l'on parvenait à connaître mieux encore que l'importation, l'*objet importable*.

Ce problème n'est pas, pour le moment résolu ; aussi, quelle que soit son importance, en avons-nous séparé l'étude du reste de ce travail pour prouver que nous ne confondons pas le certain avec le douteux, ce que nous savons d'une manière positive avec ce dont nous ne pouvons nous faire qu'une idée vague au moyen de l'analogie.

Quel est donc ce principe cholérique, quel est ce germe dont le pouvoir reproducteur est aussi actif que vivace? en quoi consiste-t-il ?

II.

Dans l'état actuel de la science, aucune réponse satisfaisante n'est possible ; mais, par analogie, on peut indiquer, et cela avec quelque certitude, comment on peut maintenir à distance les dangers d'importation , et limiter tout au moins, leurs effets immédiats.

Connaît-on la nature intime des virus et, en particulier, celle du virus rabique ? Non ; mais on peut placer le chien dans l'impossibilité de mordre, et arrêter l'évolution de la maladie en *brûlant* le germe de la rage, avant son absorption, dans la plaie où il a été déposé. Connaît-on la nature, la *personnalité* (qu'on nous passe cette licence de langage) du germe varioleux, scarlatineux, etc., etc ? Pas davantage. Mais personne n'ignore les règles que la prudence commande pour prévenir l'extension des maladies trop susceptibles de reproduction et d'expansion épidémique.

Après les faits de St-Nazaire on a enfin admis l'importation de la fièvre jaune et sa facile transmission ; mais le germe reproducteur en est-il mieux défini pour cela ? Non ; toutefois son existence n'est plus mise en doute par personne.

Le choléra s'est comporté à Marseille, en 1865, exactement comme la fièvre jaune à St-Nazaire en 1861, avec cette différence que les arrivages étant plus fréquents et les lieux contaminés plus rapprochés, le *germe* cholérique a acquis de ces deux circonstances (n'y en eût-il pas d'autres) une plus grande force d'expansion.

Nous n'entreprendrons pas de décrire la *physionomie* de ce germe, pas plus que l'honorable M. Mélier n'a tenté de tracer celle de son congénère mexicain dans le consciencieux rapport présenté à l'Académie impériale de médecine. (1) Pourtant on peut affirmer aujourd'hui, que grace aux travaux de M. Pastour sur les ferments et aux interessantes recherches qui se poursuivent sur le monde microscopique, une direction toute nouvelle est imprimée à l'étude des germes, et cette direction ne trompera pas les espérances des physiologistes.

Les instruments dont la science dispose ont déjà dévoilé l'organisation complète et le mode de développement de petits êtres tels que les *monades*, par exemple, dont il faut deux mille rangés à la file pour couvrir un millimètre, et ce ne sont pas encore les plus petits des êtres vivants !

Si les expériences de M. Davaine sur le *sang de rate* (maladie qui se développe spontanément chez les moutons et les tue infailliblement), se confirment, il y a là un avenir immense pour l'étude fructueuse des fléaux contagieux et sur les moyens de les éviter, peut-être même de les guérir.

Le sang des moutons qui ont succombé au sang de rate,

(1) Séance des 7 et 14 avril 1863.

examiné au microscope, a été trouvé rempli d'animalcules voisins des bactéries (qui sont plus petits encore que les monades), et qu'on a nommé bachéridies.— Si on injecte ce sang dans le tissu d'un autre animal, on y transporte ces êtres qui s'y multiplient et la mort est certaine. La maladie se transmet également si on fait avaler à un lapin soit du sang, soit un organe d'un animal atteint du sang de rate. On peut *sécher* le sang infecté, le *conserver indéfiniment* sans lui enlever les *germes* des infusoires qu'il contient ; et toutes les fois qu'on l'injecte ou qu'on le donne en aliment, on transmet la maladie.

Ce n'est pas tout : les rapports observés entre le sang de rate et le charbon ont porté M. Davaine à entreprendre un autre ordre d'expériences et de recherches.— Le charbon commence souvent (nous n'oserions dire toujours) par une pustule maligne qu'il faut se hâter de cautériser si l'on veut éviter un empoisonnement général. Une de ces pustules survenue chez un charretier dans une ferme où les moutons avaient le sang de rate, examinée au microscope, a été trouvée par M. Davaine entièrement composée d'un feutrage de bactéridies. Il en a fait manger à des lapins qui ont pris le sang de rate, qui ont succombé, dont le sang était envahi par les bactéridies et qui ont communiqué le charbon !

Voilà donc un virus composé d'infusoires d'une espèce spéciale et vénimeuse. La moindre quantité suffit pour tuer parce qu'elle suffit à semer et à multiplier l'espèce. La maladie peut être transmise par inoculation, parce que les animalcules passent du sujet atteint à l'individu inoculé ; elle est transmise aussi par *absorption* puisqu'en faisant avaler à un lapin soit le sang soit une parcelle d'organe d'un animal atteint de sang de rate, on le tue. La maladie peut-elle se propager aussi par l'air, à une distance donnée? Il faut pour cela que les germes s'envolent où se sèment; et ceux qui expliquent le fait par des piqûres de mouches, qui seraient ainsi les intermédiaires de la transmission des bactéridies, sont peut-être plus près de la vérité que les autres. Mais nous reviendrons tout à l'heure sur ce dernier mode de transmission. (1)

Le règne animal microscopique n'est pas le seul à fournir son contingent aux maladies transmissibles; on trouve dans le règne végétal des champignons microscopiques appartenant à des familles diverses, et dont *l'achorion schœnleinii* produit, pour ainsi dire à volonté, le favus (vulgairement la teigne). M. Bazin, de l'hôpital St-Louis, avait déjà entrevu le fait qui a été mis hors de doute par l'expérience de M. Lemaire communiquée à l'Institut? (2)

Un jeune homme qui avait le cuir chevelu entièrement envahi par le favus, et n'ayant encore subi aucun traitement, fût placé dans un courant d'air, et on mit à quelque distance un vase refroidissant. Après avoir recueilli l'eau de condensation on constata qu'elle était pleine de spores vivants d'achorion entraînés par l'air.

A la place du vase refroidissant, supposez la tête d'une personne indemne de favus, et la maladie s'y trouverait inévitablement transplantée.

(1) Voyez article de M. Jamin. — *Revue des deux mondes* année 1864, page 422.
(2) Séance du 17 août 1864.

Que si, en descendant d'un degré encore dans le règne végétal, on voulait jeter un rapide coup-d'œil sur ces êtres mystérieux qu'on nomme *ferments* et qui se multiplient par gemmation d'une manière étonnante, on serait vraiment effrayé de l'immensité des questions qui surgiraient ; il faudrait se demander quelles relations ces myriades d'imperceptibles atomes peuvent avoir avec les maladies des différents règnes de la nature, et savoir quel rôle leur a été particulièrement assigné dans la production des épidemies.

Dieu seul sait assurément où s'arrêteront les progrès de la science, car il connaît seul les limites de notre intelligence. Mais, ne craignons pas de le dire, il y a virtuellement dans ce monde microscopique un monde de découvertes sur la nature pathogénique des maladies épidémiques, découvertes que l'avenir réserve aux travailleurs et auxquelles le perfectionnement incessant de nos moyens physiques d'investigation aidera à parvenir. En attendant il y aura bien des controverses et des discussions ; un fait acquis la veille sera mis en doute le lendemain, et c'est ainsi, par exemple, que, dans un mémoire présenté à l'institut le 11 septembre de cette année, MM. Leplat et Jaillard cherchent à prouver que les bactéridies ne sont pas là cause du sang de rate et que ces parasites ne constituent qu'un épiphénomène du charbon ! Manquant de données spéciales, nous ne prendrons parti ni pour MM. Leplat et Jaillard, ni pour M. Davaine, nous consolant de ces temps d'arrêts inévitables par ce mot d'un penseur allemand, *l'esprit humain avance toujours mais en ligne spirale.* Laissons donc au temps achever l'œuvre commencée ; un jour viendra, nous en avons l'intime conviction, où l'on connaîtra la cause matérielle de toutes les maladies épidémiques, et où l'on touchera pour ainsi dire de l'œil, si ce n'est du doigt, le germe qui les propage et qui les transmet.

Mais en attendant que la lumière se fasse, comment expliquer aujourd'hui l'extension et la transmission du choléra ? les germes en sont-ils transportés par l'air comme les champignons du favus ? Faut-il une absorption ou appropriation plus directe, comme dans les expériences faites sur les animaux atteints de sang de rate ? Et s'il s'agit d'un ferment morbide, peut-il être déplacé, transplanté, et reprendre vie après dessication ? Autant de questions insolubles.

La seule chose à peu près certaine c'est que le transport aérien des champignons microspiques ne peut s'opérer à une trop grande distance du centre de production, et qu'en s'éloignant de ce centre ils perdent beaucoup de leur activité, soit par leur dissémination soit par d'autres causes que nous n'avons pas à apprécier.

Quant aux animalcules du même ordre, monades bactérides et bactéridies, quelque soit le milieu où ils naissent, vivent et se reproduisent, ces milieux fussent-ils desséchés et réduits en poudre plus ou moins impalpable, on ne saurait admettre leur migration atmosphérique sans admettre aussi, qu'entraînés par les vents, ils pourraient franchir instantanément de grandes distances sans abandonner de proche en proche aucune trace intermédiaire de leur passage, ce qui est contraire à l'observation ; ils devraient aussi, l'impulsion leur étant imprimée par un courant, ils devraient pouvoir se maintenir en dehors *des influences de relations* et planer en quelque sorte dans une direction fixe sans se laisser détourner par un navire ou par une caravane, ce qui est également contraire à tous les faits.

Du reste, cette double supposition, fût-elle douée de quelque probabilité, elle n'excluerait pas encore le déplacement ou l'importation de ces germes par des véhicules moins soumis au caprice des vents, et beaucoup plus appropriés à leur nature et aux sources d'où ils émanent.

En d'autres termes, et pour vulgariser notre pensée, si on nous menaçait un jour de faire pénétrer l'ennemi par les toits, ce ne serait pas une raison pour lui ouvrir les portes à deux battants.

En définitive, qu'il y ait des germes cholériques, cela nous paraît difficile à contester. Que ces germes soient de nature animale ou végétale, ou qu'ils appartiennent à l'espèce ferments, nous ne le savons pas. Qu'ils se reproduisent chez les malades et puissent agir en dehors d'eux, cela nous paraît incontestable. Comment se fait cette transmission? Cela est plus difficile à connaître.

Que le contact direct des surfaces cutanées puissent être dangereux, nous ne le pensons pas. Mais que la réunion de toutes les sécrétions et excrétions morbides puisse produire des émanations qui, respirées à plein poumon, soient susceptibles d'empoisonner un organisme sain et d'y reproduire la maladie, c'est là pour nous une vérité qui n'a plus besoin de démonstration.

La concentration, et par conséquent l'activité de ces miasmes dépendent de l'évolution de la maladie, c'est-à-dire de la multiplication des sources délétères ; l'isolement des malades en produira moins que leur agglomération et l'on comprend que, même après la cessation d'une épidémie, bien des localités peuvent contenir encore des germes dont l'éclosion peut dépendre de circonstances particulières à chaque espèce, et se faire jour à des moments indéterminés.

Ces germes, ayant imprégné des hardes ou des marchandises, ces germes, condensés dans un air confiné à fond de cale, ou partout où l'atmosphère ne se renouvelle pas, et où des substances quelconques, liquides ou solides, pourraient les fixer, seront transportables, et pourront se reproduire en passant par des organismes qui les absorbent sans pouvoir les *éliminer*. Car s'il nous etait permis d'émettre une idée qui pour le moment sera peut-être considérée comme trop hypothétique, nous dirions volontiers que lorsque toute une population est placée sous l'influence d'une epidémie meurtrière, si tous les habitants n'en sont pas atteints, ce n'est pas seulement parce que le hasard les maintient à l'abri de la transmission, mais c'est surtout parce que leur organisme est assez puissant et bien disposé pour réagir contre l'agent morbibe, et l'éliminer par un de ses nombreux émunctoires.

Quoi qu'il en soit, si le choléra est importable, s'il est transmissible, et si l'importation et la transmission peuvent se faire par les intermédiaires que nous venons d'indiquer, sans passer sous silence ni ce qu'ils ont d'insaisissable ni ce qu'ils peuvent présenter de fixe et de sensible, y a-t-il ou n'y a-t-il pas des moyens rationnels pour s'opposer à son importation? Peut-on en diminuer l'extension une fois déclaré quelque part, malgré la faculté de transmission qu'on est forcé de lui reconnaître?

C'est ce que nous allons examiner dans la seconde partie de ce travail, fermant la parenthèse sur la question incidente, et passant de nouveau du domaine des hypothèses à celui des faits.

DEUXIÈME PARTIE.

—

Quels moyens peut-on opposer à l'importation du Choléra indien ?

———

La réponse à cette question exige d'être scindée :

Il faut rappeler d'abord les principales clauses du règlement sanitaire international actuellement en vigueur.

Examiner comment ce règlement a été mis en pratique chez nous à l'occasion de l'épidémie d'Egypte.

Constater enfin si l'expérience n'impose pas l'obligation de modifier ce règlement.

CHAPITRE PREMIER.

I.

La convention sanitaire du 19 décembre 1851, après avoir réservé le droit pour chacune des hautes parties contractantes de se prémunir sur leurs frontières de terre contre un pays malade ou compromis et de mettre ce pays en quarantaine, conviennent en principe, *quant aux arrivages par mer :*

N° 1. Que la peste, la fièvre jaune *et le choléra* sont les seules maladies réputées importables et transmissibles qui entraînent des mesures générales et la mise en quarantaine des lieux de provenance. (Art. 4 du règlement).

N° 2. Qu'il n'y a aura plus que deux patentes : la patente brute et la patente nette : la première pour la présence constatée de maladie : la seconde pour l'absence attestée de maladie.

Le doute sera interprété dans le sens de la plus grande prudence et la patente sera brute. (Art. 3 convention et 11 règlement).

N° 3. Un bâtiment en patente nette dont les conditions seraient évidemment mauvaises et compromettantes, pourra être assimilé, par mesure d'hygiène, à un bâtiment en pa--

tente brute et soumis au même régime. (Art. 3. convent.)

N° 4. Tout bâtiment à bord duquel il y aura eu, pendant la traversée, *un cas* de l'une des *trois* maladies réputées importables et transmissibles, sera de droit, et quelque soit sa patente, considéré *comme ayant patente brute*.(Art. 57 règl.)

N° 5. Pour le choléra, les provenances des lieux où règnera cette maladie pourront être soumises à une quarantaine d'observation de cinq jours pleins, y compris le temps de la traversée.

S'il y a eu un ou plusieurs cas de choléra pendant la traversée ou pendant la quarantaine, cette quarantaine comptera du moment de l'arrivée et de l'exécution des mesures sanitaires : *il ne sera pas tenu compte de la traversée.* (Art. 4 conv. et 58 du règlement).

N° 6. Les cas douteux, les renseignemens contradictoires, seront toujours interprétés dans le sens de la plus grande prudence ; le bâtiment devra provisoirement être tenu en réserve. (Art. 41 régl.)

N° 7. En cas de décès arrivé en mer, après une maladie de caractère suspecte, les effets d'habillement et de litterie qui auraient servi au malade dans le cours de cette maladie, seront brûlés si le navire est au mouillage, et s'il est en route, jetés à la mer avec les précautions nécessaires pour qu'ils ne puissent surnager.

Les autres effets du même genre dont l'individu n'aurait point fait usage, mais qui se seraient trouvés à sa disposition, seront immédiatement soumis à l'évent ou à toute autre purification. (Art. 36 du règlement.)

N° 8. Le règlement sanitaire (c'est la convention qui parle) spécifiera les objets et *marchandises* composant chacune des trois classes admises, c'est-à-dire : marchandises soumises à une quarantaine obligatoire et aux purifications, marchandises assujetties à une quarantaine facultative et marchandises exemptées de toute quarantaine ; et il indiquera en outre le régime qui leur sera applicable en ce qui concerne la peste , la fièvre jaune et *le choléra*.

Mais le règlement (Art. 65.) dit *qu'en patente brute de choléra* les marchandises ne seront assujetties *à aucune mesure sanitaire particulière* ; le bâtiment sera aéré et les mesures d'hygiène, toujours obligatoires, seront observées.

N° 9. D'après les conditions de salubrité du navire l'autorité sanitaire pourra ordonner comme mesures d'hygiène

Le bain et autres soins corporels pour les hommes de l'équipage.

Le déplacement de la marchandise à bord.

Le lavage du linge et des vêtements de l'équipage.

Les fumigations chloriques, le grattage, le lavage du bâtiment, la ventilation au moyen de la pompe à air etc. (Art. 45 règlement.)

N° 10. Si pendant la durée d'une quarantaine et quelque soit le point auquel elle soit parvenue, il se manifeste un cas de peste, de fièvre jaune ou *de choléra*, la quarantaine recommencera. (Art. 71 Règl.)

N° 11. Outre les quarantaines prévues et les mesures spécifiées, etc., etc., les autorités sanitaires de chaque pays auront le droit, en présence d'un danger imminent et en dehors de toute prévision, de prescrire, sous leur responsabilité devant qui de droit, telles mesures qu'elles jugeront indispensables pour le maintien de la santé publique. (Art. 72 Rég.)

Nº 12. Les lazarets doivent être tout à fait *isolés*, bien fermés et bien gardés, afin d'empêcher toute espèce de communication. (§ 4, admis par la Conférence. Séance du 11 novembre 1851.)

La distribution intérieure des lazarets sera telle que les personnes et les choses appartenant à des quarantaines de dates différentes puissent être facilement séparées. (Art. 73 règl.)

Nᵉ 13. Les effets des passagers devront être, pendant la durée de la quarantaine, exposés à la ventilation dans des pièces séparées et appropriées à cet effet, sous la surveillance des gardiens.

L'autorité sanitaire veillera à ce que cette opération ne soit négligée dans aucune circonstance. (Art. 94 règl.)

Nº 14. Le Conseil de santé *représentera plus particulièrement les intérêts locaux*, et se composera des divers éléments administratifs et scientifiques qui peuvent dans chaque pays veiller le plus efficacement au maintien de la santé publique. (Art. 104 règl.)

Nº 15. Le Conseil aura pour mission d'exercer une surveillance générale sur le service sanitaire, de donner au Directeur des avis sur les mesures à prendre en cas d'invasion ou de menace d'invasion de maladie réputée importable ou transmissible ; de veiller à l'exécution des règlements généraux ou particuliers relatif à la police sanitaire et au besoin de dénoncer au gouvernement les infractions ou omissions. (Art. 106 règl.)

Nº 16. Le Directeur et le Conseil de santé auront pour de-

6

voir *de se tenir constamment informés de* l'état de la santé publique, et le Conseil sera convoqué extraordinairement toutes les fois que les circonstances l'exigeront. (Art. 107 et 108 règl.)

II.

Ces divers articles sont extraits des deux sources qui devraient servir depuis 14 ans de code sanitaire : la convention internationale du 19 décembre 1851, et le règlement sanitaire signé par les membres de la Conférence de Paris le 16 janvier 1852.

Nous avons parfois complété un article de la convention par un autre du règlement, et *vice versâ*. Ce procédé, qui met en relief quelques contradictions, nous était doublement imposé par la difficulté de reproduire en entier les deux documents et par l'examen auquel nous allons nous livrer.

Disons aussi, et une fois pour toutes, que les dates et les chiffres que nous allons citer n'offriront pas toujours une exactitude mathématique absolue. Nous sommes pourtant heureux de pouvoir affirmer que la différence sera toujours assez insignifiante pour ne rien ôter à la valeur des faits.

CHAPITRE DEUXIÈME

—

I.

Premier Fait. --: Le paquebot français *Stella* est arrivé à Marseille, avons-nous dit, le 9 juin, et nous connaissons aussi la qualité et la provenance de ses passagers.

Ce navire était muni de *patente nette.* Cependant, les avis positifs, quoique officieux, que l'on avait reçus sur l'état sanitaire d'Alexandrie, et la mort de deux pèlerins pendant la traversée, engagent M. le Directeur de la santé (abstraction faite de la nature de la maladie à laquelle ces pèlerins pouvaient avoir succombé) à garder *la Stella* en réserve pendant quelques heures ; tout juste le temps de consulter Paris, et d'obtenir l'autorisation de faire plus et mieux.

Paris (1), se basant probablement sur ce que la patente est nette, refuse d'acquiescer à l'avis du Directeur de la santé de Marseille, et ordonne que le navire soit admis en libre pratique ainsi que les passagers. On sait (page 36) que les

(1) Par le mot *Paris*, nous sous-entendons *l'Opinion médicale* qui prévaut dans les conseils du Gouvernement.

pèlerins furent débarqués au fort Saint-Jean, et que l'un d'eux a succombé le 12 juin à une.... maladie diarreïque; les survivants repartirent quelques jours après pour l'Afrique; quant à l'équipage de *la Stella*, il put sans doute disposer à son gré de ses loisirs.

Dans ce fait, il y a plusieurs infractions à la convention et au règlement sanitaires :

1° On a délivré à *la Stella* une patente nette à Alexandrie, lorsque déjà, et de notoriété publique, plusieurs cas de choléra avaient été observés, notamment sur les pèlerins de la Mecque.

2° Paris, ne pouvant ignorer ce qui se passait à Alexandrie, et devant savoir que le fléau avait précisément commencé ses ravages au milieu des caravanes, et qu'il les suivait dans ses étapes, *se blottissant dans leurs entrailles* — comme le dit si spirituellement M. L. Méry — Paris aurait dû, ce nous semble, permettre, ordonner même au Directeur de la santé à Marseille de se conformer aux mesures prescrites par les articles sus-indiqués aux n⁰ˢ 4, 5 et 6.

De cette infraction est résulté, d'après nous et bien d'autres, un premier foyer d'infection.

DEUXIÈME FAIT. — Un second et troisième paquebots, *le Byzantin* et *la Marie-Louise*, arrivent à Marseille les 12 et 14 juin, avec patente nette, et sont, par cela même, immédiatement admis en libre pratique.

A part la question de la patente, qui motive le même blâme que le fait précédent, voilà encore 76 passagers, 66 hommes d'équipage et deux navires avec leurs divers chargements, qui apportent leur contingent au premier foyer, grâce à l'infraction de l'article mentionné au n° 6.

TROISIÈME FAIT. — Les paquebots *Syria* et *Volga*, le premier étant surchargé de 106 passagers et 114 hommes d'équipage, arrivent devant nos ports les 14 et 16 juin, et toujours avec patente nette.

Nous avons quelques bons motifs pour croire que divers passagers du *Syria* ont été malades pendant la traversée, et surtout peu après leur débarquement. Mais l'administration sanitaire de Marseille ne pouvait avoir prise ni sur les passagers ni sur les navires : la patente nette les protégeait. Troisième renfort au premier foyer d'infection.

QUATRIÈME FAIT. — Le paquebot *Saïd* arrive à Marseille le 15 juin, ayant à bord 190 passagers et 80 hommes d'équipage — et toujours avec patente nette !

Pendant la traversée, il y a eu *deux décès* cholériques. La déclaration du médecin du bord, étant pour cette fois formelle, M. le Directeur de la Santé retient le *Saïd* au port du Frioul et propose à Paris d'appliquer aux passagers une quarantaine de *cinq jours*, sans compter la traversée.

Paris, s'appuyant encore sur la *patente nette*, s'oppose à la quarantaine et trouve un expédient assez singulier et non prévu assurément par ceux qui s'occupent d'épidémiologie. Paris ordonne de laisser débarquer immédiatement les passagers des cabines et de retenir les autres pendant 24 heures en observation.

Ainsi dit, ainsi fait. Seulement on a soumis le navire à des mesures d'hygiène qui ne lui ont permis d'entrer dans le port de la Joliette que le 17 juin, soit 48 heures après son arrivée d'Alexandrie.

CINQUIÈME FAIT. — Les deux paquebots *Monfalout* et *Nianza*, portant à eux deux 51 passagers et 123 hommes d'équipage, arrivent d'Alexandrie le 20 juin, ayant encore patente nette! Malgré cette patente, le *Monfalout* est retenu deux jours en quarantaine et soumis à des mesures d'hygiène. Quant aux passagers, nul moyen de les retenir, si ce n'est ceux de troisième classe — et encore! Le premier foyer se trouvait donc de plus en plus alimenté, sans compter le second foyer, plus dangereux encore, fourni par le *Saïd.*

Les infractions relatives à la patente n'ont cessé qu'avec l'arrivée du paquebot ottoman *Marie-Antoinette*, entré en arraisonnement le 21 juin. C'est lui qui a inauguré la patente brute et nous allons maintenant examiner comment ont été appliqués à cette patente les articles de la convention et du règlement qui la concernent. Mais il est temps de faire intervenir le Conseil de santé.

Contrairement à la pensée nettement exprimée par les articles 106, 107 et 108 du règlement international, le Conseil de santé, en dépit des faits sérieux qui se passaient dans les ports de Marseille, n'a été convoquée que le 2 juillet. C'est à pareille époque qu'on lui a communiqué : 1° quelques renseignements un peu vagues sur le charbon, le typhus ou la fièvre récurrente de Russie; 2° quelques renseignements beaucoup plus positifs sur le choléra d'Alexandrie et les détails tantôt cités sur l'incident du *Saïd.*

Le Conseil de santé exprima d'abord son étonnement sur l'étrange scission des passagers en deux classes : admissibles et non admissibles, selon la partie du navire par eux occupée. Il avoua n'avoir jamais supposé qu'il pût se trouver des classes privilégiées en face du choléra; il ajouta même que, parmi le nombreux personnel du bord, les passagers bien aérés sur le pont lui paraissaient peut-être moins dangereux, comme *moyens* d'importation, que ceux qui étaient renfermés dans les cabines. Le Conseil insista, du reste, pour qu'on usât d'une très-grande prudence envers les uns et les autres et, à l'unanimité, émit le vœu que le Directeur de la Santé fût autorisé désormais, et conformément à la lettre et à l'esprit du règlement, à appliquer à toutes les provenances d'Alexandrie les sages mesures de précaution qu'il avait proposées pour le *Saïd.*

Nous devons constater avec regret que ce vœu du Conseil de santé, quoique appuyé par le Conseil d'hygiène et de salubrité, par la Chambre de commerce, par le Conseil d'arrondissement et par l'Administration municipale (voy. page 33), énergiquement soutenue par le haut fonctionnaire qui administre avec une sollicitude si éclairée le département des Bouches-du-Rhône, ce vœu ne fut pas favorablement accueilli à Paris, où on laissa tomber indirectement sur l'unanimité de ces opinions le soupçon d'être dictée par... un peu d'ignorance et beaucoup de....... manque de courage.

En fait de courage, on ne refusera pas, il faut l'espérer, aux corps constitués que nous venons de citer, celui d'avoir dit la vérité à ceux qui ont mission de l'entendre. Et quant à leur peu de savoir, il sera au moins permis de revendiquer celui qui consiste à prédire les événements.

Toutefois, attendu qu'à cette date (2 juillet), les paquebots arrivaient avec patente brute, Paris ne maintint d'abord la scission qu'entre les passagers et les hommes d'équipage, ordonna de laisser immédiatement débarquer tous les passagers valides et de ne retenir le navire et l'équipage que le temps strictement nécessaire à l'application des mesures hygiéniques exigées par les circonstances.

Nous verrons bientôt comment on a procédé à la constatation de l'état de santé des voyageurs et quel a été, en moyenne, le temps employé à l'assainissement du navire. Pour le moment, nous tenons à faire remarquer que le refus de Paris d'obtempérer au vœu *légal* du Conseil de Santé sur l'application des articles 4 de la convention et 58 du règlement, a été motivé sur ce que l'article de la convention dit *pourront* et non pas *devront*. Or, *pouvoir* est facultatif et nullement obligatoire.

Par cette fine distinction grammaticale, on a presque innocenté d'emblée toutes les infractions commises, d'après les règlements, en présence d'une patente nette, et comme conséquence de cette même interprétation on a continué, en face d'une patente brute, le système adopté à l'occasion du *Saïd*. Pas de gêne à la circulation, pas de restrictions attentatoires à la liberté d'un chacun. Les vingt paquebots arrivés devant nos ports, après la *Marie-Antoinette* — et nous ne tenons pas compte des arrivages de la première quinzaine d'août — ont donc débarqué leurs passagers, et après deux jours de retenue au Frioul, les navires eux-mêmes ont pu prendre place à la Joliette, ou ailleurs, et continuer paisiblement à grossir les foyers d'infection si bien commencés par la *Stella*. Est-ce clair ? Cela nous le paraît un peu trop, car s'il est reconnu depuis longtemps que le nombre fait la force, on est obligé de reconnaître aussi, qu'en fait d'importation épidémique, le nombre fait le danger.

Mais, avons-nous dit, ordre était donné par Paris de n'accorder libre-pratique qu'aux passagers valides, et de soumettre le navire à toutes les mesures hygiéniques exigées par les circonstances, sans oublier toutefois — et il est important de le faire remarquer — que les cinq jours de quarantaine sollicités par le Conseil de Santé de Marseille, étant refusés, il fallait que *toutes ces mesures* hygiéniques fussent appliquées dans un délai qui ne pourrait évidemment atteindre les cinq jours !

Il est donc temps d'examiner en quoi consistent ces mesures et de nous expliquer sur la valeur des quarantaines, telles qu'on devrait les comprendre et les pratiquer aujourd'hui.

QUARANTAINES. — Il n'est rien de plus nuisible à une pensée juste en soi, que de la traduire par un mot qui a prêté à l'exagération, parfois même au ridicule. Et comme dans toute critique, quelque erronée qu'elle puisse d'abord paraître, il y a toujours au fond quelque chose de vrai, nous allons jeter un rapide coup-d'œil sur ce qu'il y a réellement d'exagéré dans l'institution des quarantaines, dont nous examinerons ensuite ce qu'elles offrent de parfaitement utile, de logique et de rassurant.

Dans cette analyse nous nous trouvons peut-être plus à l'aise que bien d'autres, car loin d'y apporter une opinion immuable, nous sommes du nombre de ceux à qui l'on peut appliquer, pour la thèse dont il s'agit, le fameux mot d'un illustre poète-orateur. Notre manière de voir, à ce sujet, a subi les mêmes phases par lesquelles nous sommes passés par rapport à l'importation du choléra : incrédules en 1849, douteux en 1854, et convaincus en 1865. A mesure que les faits se sont malheureusement multipliés, à mesure qu'une observation constante et sévère nous a fait approcher de la vérité, nos idées ont subi une transformation inévitable, dont pourront s'étonner ceux-là seuls qui par goût ou par habitude aiment, scientifiquement parlant, tourner le dos au progrès.

Le mot *quarantaine* indique suffisamment l'origine de son adoption. Si plus tard on a souvent diminué le terme-type de la séquestration, on peut affirmer que ces variations n'ont été enfantées que par des idées hypothétiques, personne ne pouvant se vanter de posséder une donnée *positive* sur la durée d'incubation des maladies à l'occasion desquelles on a précisément institué les quarantaines. En pareil cas, il était permis à la critique de s'élever contre un luxe inutile de précautions. Et nous ajouterons encore avec la critique que ces précautions étaient souvent illusoires.

Le but principal des quarantaines était, jadis, de prolonger le laps de temps qui sépare le voyageur et la marchandise du point de départ contaminé au point d'arrivée encore indemne. Et l'on considérait, certes bien à tort, comme but *secondaire*, l'assainissement général — en style vulgaire — la *purification* pendant le temps d'arrêt forcé.

Le peu d'uniformité, parfois même le relâchement apporté dans l'emploi des moyens destinés au second but, sautait aux yeux des moins clairvoyants; et il ne restait d'une pareille mesure que la constatation de son insuffisance.

Quant à la prolongation de l'isolement, considéré pendant longtemps, et fort mal à propos, comme unique boulevard de la sécurité publique, attaqué par les uns qui n'y voyaient qu'une entrave à leur plaisir — ce qui est peu de chose — repoussé par les autres comme une atteinte à leurs intérêts — ce qui est beaucoup plus grave — il a été, petit à petit, miné dans l'opinion médicale et enfin démoli dans l'opinion publique comme une gêne inutile aux affaires du monde, et, répétons-le encore, comme un obstacle absurde à la liberté d'un chacun.

En présence de ces inconvénients incontestables, quels avantages offraient donc les quarantaines? Les maladies importables étaient-t-elles infailliblement arrêtées au seuil des lazarets? L'expérience a parfois répondu *non!* Les cordons soi-disant sanitaires constituaient-ils des obstacles plus insurmontables que les lazarets? L'expérience répétait *non* beaucoup plus énergiquement encore.

On commença dès lors à semer le doute dans le public; et ce doute se traduisit bientôt par trois avis différents qui peuvent ainsi se résumer : les uns nièrent la transmission et l'importation des principales maladies qui motivaient l'application des quarantaines; — et ce n'est pas à nous à rappeler ici avec quel regrettable succès des médecins ont contribué eux-mêmes à la propagation d'une erreur qui, pour ce qui concerne la fièvre jaune, a failli devenir la source d'une grande calamité publique lors des évènements épidémiques de Saint-Nazaire.

D'autres se mirent à regarder l'océan atmosphérique et les divers courants que les chaînes montagneuses y engendrent, comme le réceptacle de toutes les immondices miasmatiques, comme le véhicule à tous les poisons les plus subtils et les plus insaisissables. L'homme trouvait ainsi, et inévitablement, un fléau qui décime les populations là où le Créateur a précisément mis les éléments les plus actifs et les seuls revivificateurs de tout ce qui respire ! De sorte que l'air étant partout et les courants ne pouvant, comme de raison, trouver une barrière nulle part, pas plus dans les lazarets que dans les cordons sanitaires, ceux-ci et ceux-là devenaient des objets aussi utiles qu'un rempart de carton contre de l'artillerie de siège.

Les troisièmes enfin, plus logiques, peut-être, plus positifs surtout, sans se préoccuper de discussions oiseuses, ni de subtilités gênantes, ne virent avant tout que le côté matériel de la question. Qui veut profiter des bénéfices doit accepter les charges ; vous voulez des chemins de fer, des paquebots à vapeur qui rapprochent les distances et abrègent le temps ; la multiplicité des affaires, leur prompte expédition ; la *fièvre* du transit, qui produit une sueur si féconde ; vous ne pouvez arrêter tout cela sans entraver le travail et tarir la principale source du bien-être général. Les voyages par chemins de fer occasionnent, sans doute, des accidents terribles ; des paquebots partent gaiement d'un port, qui n'arrivent jamais, hélas ! dans celui vers lequel ils se dirigeaient. Cette navigation rapide, ce transit à toute vapeur peuvent parfois entraîner après eux quelque maladie susceptible de se transformer en épidémie ! Tout cela est vrai, et c'est fâcheux, sans doute, mais c'est là une des nécessités regrettables de la rapidité des relations internationales et nous ne pouvons raisonnablement sacrifier à une éventualité douteuse les résultats inespérés auxquels on est arrivé par le rapprochement pour ainsi dire instantané des peuples.

De ces trois manières de voir, la troisième est la plus radicale, celle qui prête le moins à une discussion médicale, et par cela même plus accessible à l'intelligence des gens du monde.

Après tout, l'importance de la vie humaine peut être diversement appréciée par des esprits supérieurs, dont la philosophie est avant tout positive.

On raconte que dans un pays, que l'on dit avancé en civilisation, les grands frais de viaducs sont négligés et l'on confie à l'extrême vitesse des trains le soin de passer sur des raill-ways chancelants, qui, fixés d'aplomb sur des pilotis impossibles, ne tiennent en place que par miracle. Parfois, malgré la vitesse, l'enfoncement arrive, et la rivière ou le marais engloutit du même coup wagons et voyageurs. C'est un malheur, mais le public et la compagnie exploitatrice trouvent, à ce qu'il paraît, une compensation suffisante dans ce fait que pour la construction du chemin de fer on eût reculé devant la dépense exigée pour un viaduc solide. Or, les accidents ne sont peut-être qu'*annuels*, tandis qu'on bénéficie *quotidiennement* des avantages d'une locomotion rapide.

C'est un raisonnement comme un autre. C'est littéralement la doctrine du *laissez faire* et *laissez passer*, bonne toujours pour ceux..... qui passent.

Mais revenons en France, et voyons si le raisonnement des *libres échangistes à haute pression* ne pourrait pas avoir des conclusions capables de refroidir ses plus chauds partisans.

En supposant que la petite épidémie de fièvre jaune éclatée à Saint-Nazaire en juillet 1861, n'eût pu être arrêtée dès son début par des mesures énergiques et bien appliquées; en supposant qu'elle se fût irradiée dans plusieurs départements, y compris celui de la Seine, pense-t-on que les conséquences d'une pareille calamité publique trouveraient un équivalent quelconque dans cette liberté illimitée de circulation et d'échange que l'on tient tant à cœur? En supposant encore, ce qu'à Dieu ne plaise, que l'invasion cholérique de 1865, si fâcheuse pour Marseille, si fatale pour Toulon, la Seyne et Arles, s'étende vers le nord et gagne encore Paris, ose-t-on songer à tous les malheurs qui peuvent s'en suivre?

Lorsqu'une épidémie meurtrière sévit sur une population, de graves et de profondes perturbations ébranlent la localité et se font sentir à de grandes distances. Que si l'on pouvait récuser notre compétence en pareille matière, on n'oserait certainement pas récuser celle des honorables délégués de la Chambre de commerce de Marseille auprès du Conseil de santé. On demandait unanimement, au sein de cette commission (1), l'application des articles du règlement in-

(1) Séance du 2 juillet 1865.

ternational, que nous avons transcris sous les n°s 4 et 5. Eh bien ! dans cette séance, qui a précédé l'invasion cholérique, ces honorables délégués n'ont pas hésité à déclarer très-catégoriquement que *les intérêts du commerce avaient plus à souffrir d'une invasion épidémique que des entraves qui pouvaient résulter pour eux de l'application des mesures sanitaires.* Une pareille déclaration, faite par des hommes si haut placés pour défendre les intérêts d'une ville éminemment commerciale, nous dispense de tout commentaire.

Nous n'insisterons donc pas davantage sur l'opinion de ceux qui repoussent *quand même* les quarantaines. Et il n'est peut-être pas moins oiseux de discuter plus longtemps contre l'avis des autres, qui, niant l'importation du choléra, ou admettant ses voyages aériens sous l'impulsion de courants atmosphériques, n'accordent aucune utilité à ce mode suranné de séquestration. Nous serions seulement assez curieux de connaître comment les avocats des courants atmosphériques peuvent en expliquer la bifurcation en sens inverse, telles que nous en offrent un exemple les deux malheureuses villes de Toulon et d'Arles, et comment ils interprètent *certaines déviations* dues, nous en convenons, à des moyens quelque peu sauvages, et qu'on a constatées à Messine et à Salonique !

Nous sommes aujourd'hui partisans des quarantaines, mais avec une condition atténuante très-capitale. Des deux buts, en effet, que l'on s'est toujours proposé d'atteindre, l'*accessoire* est pour nous le *principal*, et celui-ci n'acquiert qu'une importance relative.

Si les recherches minutieuses auxquelles nous nous sommes livrés ne suffisent pas pour établir avec certitude une durée *maximum* de l'incubation cholérique, elles permettent au moins d'avancer que dans l'immense majorité des cas cette durée ne dépasse pas huit jours. Il semble donc que pour ce qui concerne personnellement les passagers, en dehors de toute influence de milieu, *huit jours* formeraient la limite probable du danger qu'ils peuvent offrir par eux-mêmes. Mais ce qui importe vraiment et ce qui domine toute la situation, c'est que cette séquestration ou période quarantenaire OFFRE LE TEMPS MATÉRIEL INDISPENSABLE à la constatation sérieuse et réelle de l'état de santé des individus provenant d'un lieu contaminé, et à l'aération, à la désinfection, en un mot, à l'assainissement non moins réel ni moins sérieux des hardes leur appartenant, de certaines marchandises renfermées dans les flancs du navire et du navire lui-même.

Ces diverses opérations sont indubitablement comprises dans ce que la conférence a qualifié (article 4) de *mesures d'hygiène obligatoires dans tous les cas et contre toutes les maladies.*

C'est sans doute encore à ces mesures que Paris a voulu faire appel lorsqu'il les a prescrites au lieu et place de ce que demandait le Conseil de santé. Un sentiment de justice doit même nous faire supposer que, dans l'opinion de M. l'Inspecteur général du service sanitaire, l'application de toutes ces mesures répondait suffisamment aux vœux et au but de la commission et que leur exécution n'exigeait pas les *cinq jours* proposés, conformément au règlement, par le Directeur de la Santé.

Malheureusement cette opinion, nous osons le dire, est complètement erronée, et nous allons le prouver.

Visite des passagers. — De par une science, que nous avouons ne pas comprendre, il a été reconnu, dit-on, que les passagers, quelle que soit leur agglomération, ne peuvent *importer* avec eux aucun danger pour les populations au milieu desquelles ils débarquent, pourvu qu'*ils aient l'air* de se bien porter.

Nous disons qu'*ils aient l'air,* et voici pourquoi.

Après l'arrivée du navire sur lequel ils se trouvent, on les fait monter sur le pont, on les aligne et un médecin attaché au lazaret, les passe successivement en revue, adressant à chacun les mêmes questions et les soumettant tous à un examen des plus sommaires.

S'il en est qui ne puissent se rendre sur le pont par suite d'indisposition plus ou moins sérieuse, ceux-là sont retenus et, au besoin, envoyés à l'infirmerie du lazaret ; tous les autres sont débarqués et rentrent en ville, libres de disposer de leur temps et de leur personne. En moyenne, la retenue des passagers à bord, dans le port du Frioul, ne dépasse pas *trois heures,* et dans ce court laps de temps on espère non seulement constater leur etat de santé, mais encore aérer et suffisamment purifier leurs hardes, y compris la lingerie qui a servi pendant le voyage, fussent-ils au nombre de 190, comme ceux du *Saïd,* au voyage du 10 juillet.

Nous le demandons de bonne foi, puisque, de l'avis de tous les hommes compétents, la diarrhée prémonitoire (1) pré-

(1) Voy. rec. mém. de M. Jules Guérin, présenté à l'Institut.

cède souvent l'atteinte cholérique, est-ce qu'en visitant ainsi les passagers à la course, on peut s'assurer de l'état normal ou anormal de leurs fonctions digestives? Ne comprend-on pas que le voyageur lui-même s'empresse de tromper le médecin visiteur, dans le but de débarquer de suite et de se soustraire ainsi à une ennuyeuse séquestration?

On a vu des hommes sensés, ou en âge de l'être, tourner en ridicule ces visites et répondre aux questions du médecin par des actes excusables tout au plus chez des enfants. On a entendu un consul-général crier à l'abomination de la désolation, parce qu'on a retardé son débarquement d'une heure! Et qu'on ne se figure pas que les passagers conservent une longue reconnaissance pour toutes les facilités qu'on leur accorde. Plus que personne ils comprennent l'inanité des précautions prises à leur égard, et bien qu'ils en saisissent tout le danger, une fois l'égoïsme personnel satisfait, ils déplorent plus haut que nous les conséquences désastreuses auxquelles on expose les populations encore indemnes. En voici un exemple dont nous pouvons garantir l'authenticité. Un passager, ayant des parents à Marseille, arrive au Frioul, à peine convalescent d'une atteinte cholérique subie pendant la traversée et peu après son départ de Constantinople. Le médecin du lazaret hésite à le laisser débarquer; cependant les cris et les protestations du passager prennent des proportions telles que, de guerre lasse, on le débarque. Le lendemain, le même médecin du lazaret, mû par un scrupule qui l'honore, se rend à la demeure du voyageur, pour s'assurer s'il n'y avait pas lieu de regretter l'excès de condescendance dont on avait usé à son égard, et ce ne fut pas sans surprise que notre confrère se trouva peu courtoisement reçu par celui-là même qui avait été, en quelque sorte, l'objet d'une faveur. On lui reprocha hautement de ne pas veiller avec assez de sévérité à ce qui pouvait compromettre la santé publique !

La leçon était bonne et probablement on en aura profité.

Voilà pour la visite des passagers.

Quant à *l'aération et à la purification ou désinfection des hardes*, objets de literie, lingerie, etc., on comprendra, sans trop insister, comment les choses peuvent se passer.

Ainsi, dans la séance du 2 août, la Conseil de santé avait particulièrement recommandé le *lessivage* du linge de toilette et de literie ayant servi aux passagers, et on avait indiqué comme moyen plus expéditif de plonger ce linge dans une légère solution d'hypochlorite de soude.

La proposition avait été assez bien accueillie par M. le Directeur de la Santé; mais pour faire ensuite sécher cette façon de lessive, il fallait du temps, un peu de patience chez les passagers, et l'on comprend qu'ils en manquent, connaissant quelque peu l'indulgence qui les protége.

Mais pour mieux démontrer les faits, poursuivons encore l'exemple sur *le Saïd* : 190 passagers supposent autant de malles, caisses ou colis de toute nature, sans compter une foule d'objets qui encombrent les paquebots, plus encore que les chemins de fer, déjà si encombrés. *Dans l'espace de trois heures*, il pourra probablement être permis à un douanier de s'assurer à peu près si, parmi ces colis, il en est qui renferment des objets de contrebande; mais supposer que toutes les hardes, effets, etc., pourront recevoir une aération et une désinfection suffisante aux yeux de quiconque veut réfléchir, c'est accorder aux gens une dose de crédulité que sans regret nous ne possédons pas.

Dans de pareilles conditions, cette sage mesure hygiénique est rendue impossible, et nous ajoutons que dans quelques circonstances elle a pu être encore plus illusoire. En voici un exemple. Un courrier arrivant au Frioul avec des dépêches *pressantes* — elles le sont toujours toutes — refuse d'attendre le temps nécessaire à la visite et à l'aération des effets. On le débarque immédiatement avec ses dépêches, dont il ne veut pas se séparer; il pense même pouvoir se permettre de se faire accompagner par sa malle. A la Consigne, on refuse cette malle, qui est renvoyée à bord pour y subir l'aération voulue. Le courrier part, mais avec les clefs dans la poche, et il revient quelques jours après reprendre tranquillement à la Joliette ses effets, qui furent, par conséquent, exemptés de toute indiscrétion hygiénique ! Un exemple n'est rien. D'accord; mais croit-on sérieusement qu'il soit seul et unique dans son genre?

Et cependant l'article 94 du règlement insiste tout particulièrement pour que l'autorité veille à ce que la ventilation des effets des voyageurs *ne soit négligée dans aucune circonstance !*

Régime applicable aux marchandises et aux bâtiments. — Nous avons signalé au n° 8 la contradiction qui existe entre le langage de la convention et l'article 65 du règlement. La convention *admet* qu'il y aura un régime applicable aux marchandises, en ce qui concerne le choléra , et le règlement *veut* qu'elles ne soient assujetties à aucune mesure sanitaire particulière.

La convention exige peut-être trop , et le règlement n'en demande pas assez. Il faut pourtant convenir que les miasmes ou germes infectieux, plus particulièrement charriés par les *drilles*, auraient pu profiter largement (1) de cette tolérance, si la Direction de la santé, à Marseille, n'était confiée à un homme chez lequel la prudence est à la hauteur du savoir. Placé, en effet, entre deux prescriptions si contradictoires, nous savons que M. le Directeur a élargi autant que possible l'application des mesures d'hygiène indiquées comme obligatoires, et l'assainissement du navire n'a pas été inutile à celui des marchandises, que l'on a parfois débarquées en partie, et plus souvent *déplacées*. Mais le zèle et la prudence du directeur ne peuvent annuler ce qu'il y a de défectueux dans le règlement ; le changement de l'un suffit pour laisser à l'autre tous ses inconvénients, sans atténuation aucune. Et d'ailleurs , on peut répéter ici ce que nous disions tout à l'heure à propos des passagers et de leurs effets : assainir et aérer un bâtiment, aérer et désinfecter les marchandises qu'il porte, *en 48 heures, rarement plus*, est une œuvre quelque peu *fantaisiste*, et qui n'offre , sérieusement parlant, rien de rationnel et encore moins de rassurant.

---

(1) Dans les arrivages de Turquie, et *plus particulièrement de Constantinople*, les drilles de toute espèce figurent pour :

    183,645 kil. pour le mois de juin.
    13,337 »   »   »   juillet.
    39,050 »   »   »   d'août.

Alexandrie n'en a fourni que 8,105 kil., arrivés à Marseille le 24 mai, et mis à l'entrepôt dans les premiers jours de juin.

III.

Il est temps de le dire : en admettant que toutes les mesures, même incomplètes, indiquées par le règlement eussent été observées, et en accordant à ces mesures tout le succès que s'en promettaient ses promoteurs, il est hélas ! trop avéré pour nous que l'importation du choléra n'eût pu être arrêtée devant les ports de Marseille par suite d'une circonstance dont le simple récit dit tout ; il dit même trop.

Lorsque la création des nouveaux ports fut décidée, et que tous les terrains de l'ancien lazaret durent être compris dans ce grand et magnifique projet, les îles, si merveilleusement placées au milieu de la baie de Marseille, furent destinées désormais au service *exclusif* des besoins quarantenaires. Une seule servitude leur était imposée : la servitude militaire, parfaitement justifiée pour la défense de l'ancien comme des nouveaux ports.

Mais elles eurent bientôt à supporter une seconde servitude *indirecte*, et par cela même mal justifiée, sur laquelle on n'avait pas compté, et qui nous oblige d'entrer ici dans quelques considérations un peu délicates.

Pour bâtir des jetées et des quais, pour emprisonner la mer dans de superbes bassins, il faut des pierres, encore des pierres, et toujours des pierres. Assurément, la roche calcaire ne manque pas, abonde même tout au long de notre littoral ; il n'y a vraiment que l'embarras du choix. Mais si l'on a à bâtir du côté de la Joliette, il sera toujours plus commode de puiser à la mine que l'on a en face de soi qu'à celle qui est un peu plus loin, et Messieurs les ingénieurs, dont le coup-d'œil est juste, mais que leur spécialité rend envahissants, jetèrent leur dévolu sur les Iles.

Si les attributions ministérielles étaient autrement réparties qu'elles ne le sont, nous avons l'intime conviction que les îles auraient conservé intacte leur première destination, et que S. Exc. M. le ministre de l'intérieur aurait prié son éminent collègue M. le ministre des travaux publics, de vouloir bien engager MM. les ingénieurs à se soumettre à une légère perte de temps, voire même à un surcroît de dépense, pour éviter un inconvénient dangereux que nous allons signaler, et qui annihile d'un trait tous les avantages offerts par les îles au système des quarantaines.

Malheureusement, s'il appartient au ministre de l'intérieur de veiller au salut des citoyens de l'Empire et d'avoir la haute surveillance des établissements destinés aux malades, il n'a pas à s'occuper des mesures qui peuvent sauvegarder ou compromettre la santé publique ; ce qui touche à l'Administration sanitaire est, depuis plus de vingt ans, en dehors de ses attributions.

Il résulte inévitablement de cette distribution de pouvoirs, selon nous très-regrettable, que si l'on sollicite de S. E. M. le ministre du Commerce et des Travaux publics l'autorisation de puiser plus économiquement dans tel endroit que dans tel autre, les matériaux nécessaires à des travaux publics, les exigences du budget peuvent lui faire un devoir d'accepter la proposition, alors même que de bonnes raisons, d'un autre ordre, réclameraient un refus catégorique.

C'est précisément ce qui est arrivé pour le Frioul.

Supposons, pour un moment, ce service *replacé* sous la direction du ministère de l'Intérieur, et les choses changent immédiatement de face. A des raisons d'économie et de temps gagné on aurait opposé sans hésitation des motifs de prudence et de santé publique; le budget n'en aurait pas été bien allourdi, les populations auraient des garanties de plus, un sujet de plainte de moins, et à chaque ministère incomberait une responsabilité relative mieux limitée.

Grâce donc à l'organisation actuelle, dans l'anse formant le port même du Frioul, destiné aux arrivages suspects et contaminés, s'élève une petite ville en miniature qui, sous le patronage de Saint-Estève, abrite une armée de mineurs chargés de pourvoir, par une exploitation active, à l'énorme consommation de roches destinées aux diverses constructions des ports.

Cette armée se compose d'une population dont le chiffre varie de 400 à 600 individus, femmes et enfants compris; et cette population, n'ayant d'ordres à recevoir que des chefs des travaux, *est parfaitement libre et indépendante dans tous ses déplacements*, sans que le Directeur de la Santé, pas plus que le Capitaine du port du Frioul, aient le droit de s'y opposer. Aussi est-ce avec une entière liberté qu'un *batelage continu* met journellement en rapport la population de Saint-Estève avec la Joliette et les vieux quartiers de Marseille, et c'est avec une juste appréhension qu'on se demande à quoi sert l'admirable position des îles comme lieu d'isolement, si cet isolement est nul d'après les faits que nous venons de signaler.

Mais, objectera-t-on, il est probable qu'une séparation complète a dû être établie entre les arrivants d'outre-mer et les habitants de Saint-Estève. De sérieuses précautions auront été prises en vue d'empêcher toute promiscuité entre ceux qui arrivent et *passent* et ceux qui arrivent et *restent* ? Car le paragraphe 4 admis par la conférence (séance du 11 novembre 1861) et l'article 73 du règlement — le tout cité par nous sous le numéro 12 — énoncent formellement que les lazarets doivent être *isolés* et que leur distribution intérieure sera telle que les personnes et les choses, appartenant à des quarantaines de classes différentes, puissent être facilement séparées.

Une grande et belle infirmerie à *Pomègues*, un espace large et admirablement disposé par la réunion de Pomègues à Ratonneau à l'aide de la jetée qui forme le port du Frioul, devraient rendre assurément facile l'isolement des malades, la *classification* des arrivages, et offrir aux passagers valides l'occasion d'utiles promenades, capables de les consoler des ennuis de la séquestration. Mais signaler ce qu'il pourrait y avoir n'est pas précisément dire ce qu'il y a.

CHAPITRE TROISIÈME.

—

L'examen auquel nous venons de nous livrer avec toute
l'exactitude que comporte un pareil sujet et à l'aide de nos
moyens limités d'investigation, doit suggérer à tout esprit
impartial plusieurs réflexions qui forment le corollaire de ce
qui précède et dont quelques-unes se sont placées déjà et
presque à notre insçu dans le chapitre précédent.

Il est d'abord incontestable que le résultat final de l'œuvre
de la conférence internationale n'a pas été brillant, alors
même que son règlement, ponctuellement appliqué, eût pu
atténuer les effets de l'importation. Mais, tandis que la loi est
trop tolérante, ceux qui sont chargés de la faire observer ont
été plus tolérants encore ; et en présence des nombreux
germes d'infection arrivant d'Egypte et accrus, au besoin,
par tout le Levant y compris Constantinople, on s'est un peu
trop fié aux assurances d'une théorie qui, il faut bien l'espérer, aura fait son temps.

A qui la faute ? Un peu à tout le monde. Premièrement à
quelques médecins eux-mêmes — nous l'avons déjà dit —
parce que la manie de tout innover et l'ambition de grossir
le nombre des *esprits forts* les a amenés à ne voir partout que
des maladies non transmissibles, à tel point que la gale elle-
même eût peut-être fini par être innocentée de ses méfaits ;

et en second lieu, à la multitude de gens, bien intentionnés d'ailleurs , qui travaillant petit à petit à démolir l'édifice des mesures sanitaires, ont cru coopérer grandement à la prospérité du *commerce,* alors qu'ils oubliaient qu'il y a des *commerçants* et que la prospérité de l'un tient essentiellement à la vie des autres.

Disons-le toutefois, le règlement, tel qu'il est, ne peut pas suffire à sa mission. Déjà le Conseil de santé, dans sa séance du 4 octobre, vient d'en solliciter une prompte révision ; et c'est pour rester fidèles à notre programme que nous allons indiquer aussi brièvement que possible, quels sont les articles qui nous sembleraient plus particulièrement devoir être modifiés.

I.

Tout règlement devant être clair, précis et obligatoire pour ceux qui *ordonnent* comme pour ceux qui *obéissent,* il ne peut renfermer des mots incertains et sujets à double interprétation. *Pouvoir* et *devoir* ne seront jamais synonimes ; il faut donc choisir entre les deux et rendre à l'article 4 de la convention un sens net et positif.

Même correction, presque grammaticale, nous paraît motivée par la classification des marchandises, parmi lesquelles on en admet une seconde classe soumise à une quarantaine *facultative*! Est-ce à dire que ce qui est obligatoire pour les

uns peut ne pas l'être pour les autres? Quand on a la faculté
de faire comme on veut, on ne fait pas toujours comme on
doit. On comprend qu'une marchandise puisse être ou ne pas
être assujettie à la quarantaine, mais on saisit difficilement la
portée d'une quarantaine *ad libitum.*

II.

Une des mesures sanitaires les plus importantes est, sans
contredit, de pouvoir s'assurer de l'état de santé des passagers, attendu qu'on ne saurait plus mettre en doute que les
cholériques donnent le choléra. Or, le seul moyen de constater si les passagers sont atteints ou exempts de *symptômes
prodromiques*, est de les garder en observation pendant
quelques jours. (1)

(1) Signalons en passant, et sous forme de note, une récente convention, acceptée, depuis quelques mois seulement, par le gouvernement italien, et qui introduit un nouveau principe international
dont les conséquences dangereuses doivent éveiller l'attention de
qui de droit :

Les passagers arrivant de pays atteints de fièvre jaune, seront ou
ne seront pas soumis à la quarantaine imposée au navire, selon que,
sur ce navire, il y aura ou il n'y aura pas un médecin embarqué.

Exemple : L'*Union*, navire à voiles, parti de Matanzas le 15 juillet
arrivé à Marseille le 18 septembre, a eu tout son personnel (16
hommes d'équipage) atteint de fièvre jaune au moment du départ.
Les atteintes étaient bénignes, puisque tous les malades ont guéri.
Cependant, M. le Directeur de la santé, à Marseille, a fort sagement
pensé qu'il fallait prendre des précautions, et il a soumis le navire,
la cargaison, les hardes et effets à usage, à des mesures d'assainis-

La convention sanitaire semble avoir voulu fixer le maximum de ce temps d'observation à *cinq jours*, les passagers étant soustraits — cela va sans dire — aux influences suspectes de contamination. Est-ce suffisant? Nous ne le pensons pas. Les observations les plus authentiques ne constatent pas, dans le choléra, une incubation qui ait dépassé huit jours; cela est vrai, et il faut même ajouter que les cas de ce genre sont rares. Mais du moment qu'il y a eu déjà des exemples de pareille incubation, il *peut* y en avoir d'autres, on *doit*, dès-lors, accepter ce délai de *huit jours* comme dicté par les règles de la plus vulgaire prudence.

III.

La suppression de la patente suspecte a, selon nous, l'inconvénient grave d'exposer les directions sanitaires à être trompées et à tromper les autres. Faute de ce *moyen terme*, les provenances d'Alexandrie n'ont été munies de patente

---

sement, *en imposant à tout l'équipage la même quarantaine qu'au navire lui-même*

Supposez un bâtiment à vapeur au lieu et place de l'*Union*, et supposez un médecin à bord; bien que la traversée eût été de beaucoup plus courte, les passagers valides eussent été immédiatement débarqués!

Le médecin du bord est considéré, dit-on, comme l'œil de l'autorité sanitaire. Ce n'est certes pas nous qui mettrons jamais en doute la clairvoyance de cet œil; mais, avec la meilleure volonté du monde, on ne peut lui accorder la faculté de *prévoir* l'éclosion des germes, et encore moins de les *apercevoir* à travers les organismes menacés.

brute de choléra qu'après le 12 juin; la direction de Marseille hésitait à la donner dans les premiers jours d'août, et il nous est démontré que cette hésitation n'a pas cessé avant le 19 du mois de septembre! Nous savons que tout en délivrant patente *nette* aux bâtiments qui partaient de Marseille, on a indiqué sur cette patente, à partir du 5 août, que quelques rares cas de choléra étaient observés en ville. Mais en vérité il eût été difficile de passer sous silence vingt-quatre heures de plus un pareil fait sans compromettre, vis-à-vis des autres nations, la droiture et la loyauté qui forment, à l'étranger, un des plus précieux attributs de l'administration française.

En rétablissant la patente suspecte, on supprimerait bien des difficultés : où il n'y a rien, patente nette; où il y a épidémie, patente brute; mais si quelques cas de choléra, encore isolés, peuvent faire espérer que la maladie ne prendra pas de proportions fâcheuses, donnez une patente suspecte; sans se perdre en de vagues circonlocutions, elle ne dit ni trop, ni trop peu, mais tout juste ce qu'il faut.

IV.

Que le système de lazarets *isolés* soit franchement adopté et consciencieusement suivi. En ce qui concerne Marseille, centre de si nombreux arrivages et toujours placée sur la brèche pour tout recevoir en première ligne, la nature a fait tout ce qu'elle pouvait en sa faveur en plaçant Pomègues et Ratonneau en face de ses ports, *mais à une distance de plus de cinq kilomètres.* Comme on dit en médecine, ne contrariez pas la nature, efforcez-vous seulement de la seconder. Ce serait assurément trop prétendre si l'on voulait exiger que toutes les villes à lazarets se trouvassent à quatre ou cinq kilomètres de ces établissements, mais on peut exprimer le vœu que cette disposition providentielle soit utilisée quand elle existe.

Dans le lazaret actuel, il n'y a peut-être place que pour une vingtaine de passagers malades, et environ pour deux ou trois cents passagers valides. Ce n'est pas assez pour éviter l'encombrement et une fâcheuse promiscuité; supprimez la servitude de Saint-Estève, livrez exclusivement au service sanitaire Pommègues et Ratonneau — comme cela avait été décidé en principe — et vous pourrez, sans de trop grands frais d'installation, loger très-commodément et facilement classer *plus de deux mille passagers*, sans promiscuité aucune entre les malades et les bien portants, ni entre ceux qui seraient soumis à des quarantaines différentes. Ajoutons que deux lieues de promenade se trouveraient à la disposition des gens valides, et que plus de 300 navires, soumis eux-mêmes au classement exigé par l'époque de l'arrivée et même par les diverses provenances, mouilleraient à l'aise dans le port du Frioul.

Rien ne pourrait donc manquer aux Iles pour les approprier à la destination pour laquelle elles semblent créées, du jour où l'on voudra sérieusement que cette destination soit un fait accompli.

Mais, dira-t-on, d'après *le communiqué* adressé à l'*Union*

franc-comtoise du 28 août 1865, ne serait-il pas prouvé que
« *la meilleure manière de préserver le pays de l'importation*
« *épidémique est d'éviter de réunir sur un même point, tel que*
« *l'enceinte d'un lazaret, un grand nombre de personnes ve-*
« *nant de lieux contaminés, pouvant porter parmi elles le*
« *germe de la maladie et créer un foyer d'infection, dont*
« *on écarte au contraire le danger en les disséminant par le*
« *fait de la mise en pratique* »

Le même communiqué cite, à l'appui de cette théorie, Ancône et les ravages qu'elle a subis, en présence de l'immunité
relative de Marseille *où des cas sporadiques sont seuls observés
et où les investigations les plus minutieuses n'ont pas réussi à les
rattacher à l'importation extérieure!* Et il termine en décla-
rant que *cette prudente réserve a tourné tout à la fois au profit
de l'humanité et à l'avantage du commerce.*

Si, en parlant ainsi Paris a voulu, faire de l'histoire contem-
poraine, il eût mieux fait d'attendre un peu plus tard et de
confier au temps le soin d'effacer bien des souvenirs..

Pour ce qui s'est passé à Ancône, le rédacteur en chef de
la *Gazette médicale lombarde*, M. le docteur Strambio, se
charge de répondre.

Quant à nous, Marseillais, nous avouons n'avoir nul motif de
remercier Paris de la préférence qu'il a bien voulu accorder à
la cité, au détriment des Iles. Foyer pour foyer, il est probable
que la présence du mal au lazaret n'eût apporté ni moins
de profit à l'humanité, ni moins d'avantages au commerce.
Nous ne pouvons dire non plus si la concentration de ce foyer
au lazaret, tel qu'il est aujourd'hui, et où l'espace, quelque
limité qu'il soit, offre encore la possibilité d'un certain épar-

pillement, aurait augmenté un *sporadisme* qui en moins de trois mois a moissonné plus de deux mille personnes en sus de la mortalité ordinaire. Mais ce qu'il est permis d'affirmer, c'est qu'il ne pouvait rien arriver de pire ni à Toulon, ni à la Seyne, voire même à Arles.

Du reste, tous les hommes compétents qui voudront visiter les Iles sus-mentionnées et en étudier la merveilleuse disposition, partageront notre manière de voir. Il ne peut y avoir de foyer infectant possible là où il est permis d'établir un éparpillement général considérable.

V.

Etant prouvé par les faits cités et par bien d'autres encore, journellement recueillis par plusieurs de nos confrères pendant l'invasion cholérique actuelle, que les hardes, les objets de literie, certaines marchandises, et le bâtiment lui-même peuvent receler les germes de la maladie et la transmettre, soumettez le tout à l'assainissement et à la désinfection. Cela ne coûtera ni beaucoup de temps ni beaucoup d'argent.

Du reste, si l'on pouvait se décider à accorder à la constatation de l'état de santé des passagers, le temps que nous croyons être nécessaire, c'est-à-dire huit jours, il n'en faudrait assurément pas davantage pour soumettre les hardes, les marchandises suspectes et le bâtiment aux mesures hygiéniques jugées nécessaires. Leur application serait en ce cas sérieuse, par cela même utile, et il n'en saurait être ainsi avec les errements actuels.

Nous laisserons à d'autres plus compétents le soin de décider du meilleur choix que l'on pourrait faire parmi les désinfectants connus, et nous ne nous permettrons pas d'accorder la préférence au chlore sur l'acide phénique ou à l'acide phénique sur le chlore; tous les deux répondent peut-être à des indications diverses. En attendant, on ne lira pas sans intérêt la note ci-jointe (1), qu'un habile chimiste — notre

(1) NOTE DE M. J. AUBIN. — La désinfection au moyen du chlore s'opère avec le chlorure de chaux exposé à l'air après l'avoir humecté d'eau, ou bien au moyen de la fumigation de Guyton-Morveau, qui consiste dans un mélange de chlorure de sodium, de peroxide de manganèse et d'eau, le tout traité par de l'acide sulfurique; ou bien encore par l'action de l'acide chlorydrique sur le peroxide de manganèse. Les fumigations de Guyton-Morveau sont surtout employées toutes les fois qu'il faut agir énergiquement et promptement sur des miasmes, sur des gaz putrides, seulement, elles ne sont pas sans danger pour les opérateurs ou les personnes qui sont soumises à son influence, à cause de leur action suffocante et irritante sur les poumons et les bronches.

Depuis quelque temps l'acide phénique paraît être destiné à remplacer le chlore comme désinfectant, et le phénate de soude, ou phénol de Boboef, sera sans doute adopté pour opérer la désinfection, parce qu'il n'offre, dans son maniement, aucun des inconvénients de l'acide phénique pur, qui, quoique étant un acide très-faible, chimiquement parlant, est pourtant très-énergique quand il est en contact direct avec les tissus organiques.

L'emploi du phénol sodique est très-simple, il ne s'agit que de le répandre sur le sol, en solution plus ou moins étendue, suivant les circonstances, pour opérer la désinfection des lieux, des objets et même des persounes. L'effet du phénol sodique consiste à détruire ou neutraliser les miasmes, les infusoires, les animalcules, enfin tous les ferments épidémiques que l'air peut contenir.

Dans des locaux appropriés à la circonstance et bien clos, les marchandises suspectes pourraient être désinfectées en les laissant pendant un certain temps exposées à l'action du phénate de soude

collègue au Conseil d'hygiène et de salubrité — a bien voulu nous remettre. Sans proposer un choix définitif, elle désigne les substances les plus actives, indique comment on peut en diriger l'emploi, et conseille indirectement d'en confier l'application à des personnes expérimentées, ou du moins d'opérer sous leur direction.

VI

Les anciennes Intendances sanitaires ont rendu de très-grands services ; mais, trop indépendantes peut-être de l'administration supérieure, elles ont pu parfois lui créer des embarras. Nous ne le contesterons nullement, pas plus que l'utilité de l'organisation actuelle par rapport à la direction de la santé. Mais cela admis, on nous accordera, nous l'espérons, l'utilité non moins évidente de mieux définir les attributions du Conseil de santé, de les élargir même, et de confier à cette institution une plus grande part d'action et de responsabilité.

Dans des moments difficiles, une administration composée d'éléments représentant plus particulièrement les inté-

répandu sur le sol. Les voyageurs pourraient être également soumis à des fumigations d'acide phénique dont l'odeur n'a rien de repoussant, qui est même très-salutaire. Il serait préférable de leur faire prendre un bain contenant du phénate de soude si ce moyen était praticable.

rêts locaux, peut sans doute concourir efficacement à rassurer le moral des populations et à leur ôter au moins le prétexte d'inutiles regrets ; mais il faut pour cela qu'elle ait une certaine liberté d'action qui n'exclue jamais la haute direction de l'autorité centrale.

EN RÉSUMÉ :

Le choléra est importable et transmissible tout à la fois par les hommes malades et par des objets contaminés.

A l'exemple de toutes les maladies épidémiques et transmissibles, le choléra n'est pas toujours et forcément doué de transmission et d'épidémicité ; exception qui ne peut surprendre ceux qui savent que certaines maladies affectant rarement la forme épidémique, et chez lesquelles on ne soupçonnait pas la transmission, peuvent cependant acquérir ce triste privilége à des moments donnés (1).

Le choléra indien ne fût-il susceptible d'importation qu'une fois sur dix, ce serait déjà assez pour légitimer toutes les mesures qui peuvent s'opposer à son invasion. Les anciennes quarantaines, dit-on, n'ont pas toujours réussi, et imposaient une perte de temps préjudiciable à de nombreux intérêts. C'est possible. Mais en corrigeant, en transformant ces quarantaines, ne les supprimez pas de fait si vous en tolérez encore l'apparence.

(1) Académie Impériale de médecine. Récente discussion à propos de l'érysipèle.

Il est, dit-on, question de réorganiser le service sanitaire à Djeddah, à Suez, à Alexandrie et ailleurs, pour s'opposer au passage du fléau par la mer rouge et l'Egypte. Nous applaudirons de grand cœur à cette réorganisation, mais à la condition qu'en perfectionnant une sorte *d'échelles quarantenaires* dans le Levant, on voudra bien accorder le dernier échelon aux ports du midi de la France. C'est un surcroît de garantie auquel nos populations ne resteront pas insensibles.

La convention sanitaire de 1851 et le règlement qui la complète demandent donc à être appliqués plus sévèrement et plus sérieusement encore révisés.

Cette révision faite avec calme, sans précipitation et surtout sans parti pris, pourra seule écarter les dangers qui nous ont été légués par la transformation trop radicale, subitement imposée à l'ancien code sanitaire.

En France, nous aimons assez — nous n'oserions dire trop — les habitudes anglaises, mais nous n'imitons guère les Anglais dans ce qu'ils font de mieux. Ils ont de mauvaises lois peut-être, mais tous les citoyens les connaissent, tous leur obéissent, et c'est une véritable *arche sainte* à laquelle on touche le moins possible, et encore! après en avoir calculé le pour et le contre avec une patriotique patience.

Chez nous, les choses se passent de toute autre manière; en faisant vite, on ne fait pas toujours bien; on vise même un peu trop à faire autrement, et l'on arrive ensuite à reconnaître plus tard une nécessité toujours désagréable : l'obligation de revenir sur ses pas.

Il faudra, en effet, revenir sur ses pas et reconnaître qu'on a eu tort de rompre trop complètement avec d'anciennes traditions qui avaient leur raison d'être. On a, comme l'a dit un homme d'esprit, déraciné le vieil arbre qui donnait de l'ombre, avant d'en avoir planté un autre.

Mais, si l'on tient à ce qu'un nouveau code sanitaire réponde mieux que l'ancien au *véritable progrès* de la science en général et à celui de l'hygiène publique en particulier, on fera bien de méditer d'abord la justesse de cette pensée si féconde dans son application et si noblement exprimée par l'EMPEREUR, précisément à propos de progrès :

« L'utopie est au bien ce que l'illusion est à la vérité, et
« LE PROGRÈS N'EST POINT LA RÉALISATION D'UNE THÉORIE PLUS
« OU MOINS INGÉNIEUSE, MAIS L'APPLICATION DES RÉSULTATS DE
« L'EXPÉRIENCE, CONSACRÉS PAR LE TEMPS ET ACCEPTÉS PAR
« L'OPINION PUBLIQUE. »

Ouverture de la Session Législative, 1865.)

TABLE DES MATIÈRES.

PAGES

AVANT-PROPOS 7

PREMIÈRE PARTIE.

Le choléra est-il importable ? 11

Première invasion de 1817 à 1837 13

Deuxième invasion de 1842 à 1855 20

Troisième invasion 1865 25

Comment se fait l'importation ? 41

QUESTION INCIDENTE 66

DEUXIÈME PARTIE.

Quels moyens peut-on opposer à l'importation du cho-
    léra indien ? 77

Principales clauses du règlement sanitaire actuellement
    en vigueur ? 78

Comment a été mis en pratique ce règlemeet à l'occa-
    sion de l'épidémie d'Egypte 82

L'expérience impose l'obligation de modifier ce règle-
    ment 106

RÉSUMÉ 118

MARSEILLE. — TYPOGRAPHIE Ve MARIUS OLIVE, RUE PARADIS, 68.